Die Mark BRANDENBURG

EDITORIAL

Die Tierwelt einer historischen Landschaft ist Thema der aktuellen Ausgabe der *Mark*. Unsere Autorinnen und Autoren haben sich auf Spurensuche begeben, um Ihnen die Zusammenhänge von Naturraumnutzung und gesellschaftlich-kultureller Entwicklung unter vielen Einzelaspekten darzustellen. »Die Eroberung der Natur war ein Pakt mit dem Teufel«, schreibt der britische Historiker David Blackbourn in seiner *Geschichte der deutschen Landschaft*. Die Errungenschaften, die es hinsichtlich Landwirtschaft und Existenzsicherheit gab, gingen mit Verlusten einher, derer man sich erst später bewusst wurde: Es verschwand eine einzigartige Naturvielfalt. Heute versuchen wir dem »Wilden« mehr Platz einzuräumen – durch spezielle Schutzgebiete oder etwa durch die Akzeptanz gegenüber »bedrohlichen« Arten wie dem Wolf. Über die historischen und die aktuellen Entwicklungen sowie die weiterhin bestehenden Konflikte zwischen Mensch und Natur berichten die Beiträge in dieser Ausgabe.

WILDES BRANDENBURG –

Tierwelt in einer historischen Landschaft

1522 irgendwo in der Schorfheide bei Grumsin: Der brandenburgische Kurprinz Joachim ist gerade noch einmal mit dem Schrecken davongekommen. Außer Atem und schweißüberströmt, so steht er vor dem Kadaver eines Europäischen Braunbären. Das Tier hatte ihm zuvor in einem Ringen um Leben und Tod sein »Sammet Wammes mit sampt dem Hembde vnd hosen bis auf den sattelknopf weggerissen«. Der Chronist Peter Hafftitz, dem wir diese Nachricht verdanken, ent-

Fürstliche Bärenjagd, aus: Jost Amman: *Kuenstliche Wolgerissene Newe Figuren von allerlai Jag vnd Weidtwerck,* Frankfurt a. M. 1581.

wirft durch seine Schilderung im Kopf des heutigen Lesers unwillkürlich das Bild einer urwüchsigen Landschaft: dunkle, endlose und undurchdringliche Wälder, in denen sich Bär, Wolf und Luchs umhertreiben und von herrschaftlicher Hand erlegt werden müssen, damit sie keine Bedrohung mehr darstellen. Der denkwürdige Kampf zwischen Mensch und Tier wird später sogar auf einem Gemälde festgehalten, und das zerfetzte kurfürstliche Beinkleid wird für nachfolgende Generationen aufbewahrt, um zum einen die Bedrohung durch wilde Tiere, zum anderen die mutige Tat des zukünftigen Herrschers eingehend zu dokumentieren.

Doch war die Mark Brandenburg der damaligen Zeit eine Wildnis? Spätestens seit der mittelalterlichen Rodungsperiode und dem nachfolgenden Siedlungs- und Erschließungswerk vorrangig christlicher Ordensleute gab es starke Eingriffe in den brandenburgischen Wald- und Wasserhaushalt und auch erste bescheidene Neueinbürgerungen von Neozoen, wie etwa der bei den Zisterziensern als Fastenspeise begehrten Weinbergschnecke. Tatsächlich konnte Meister Petz in jener Zeit schon nur noch sehr sporadisch angetroffen werden, rauchten doch in den Wäldern bereits etliche Teeröfen und Pechhütten, wurden Unmengen an Bau-, Raff- und Leseholz entnommen, wurden Bäume gefällt und diese die Wasserläufe entlang geflößt. Tausende Rinder, Pferde, Schafe und Schweine wurden zur Weide in die Wälder getrieben. Landesherrliche »Holtzfurster, Heidereitter, Holtz-Knechte« und »Amptleute« begriffen die Wälder zunehmend als rentable Wirtschaftsflächen. Dass die erste märkische Forstordnung von 1547 bereits versuchte, Waldverwüstungen gesetzlich zu unterbinden, macht deutlich, wie notwendig dies offenbar war.

◄ **Alte urwüchsige Rotbuchen** in der Uckermark.

Als eine der ersten brandenburgischen Glashütten noch vor 1572 unweit Grimnitz ihre Pforten öffnete, war der heimische Bärenbestand weitgehend Geschichte. Ja, Kurfürst Johann Georg (1525–1598) sah sich bereits 1595 wegen des Mangels jagdbarer Bären gezwungen, solche aus anderen Regionen herbeischaffen und sie in der Grimnitzer Heide aussetzen zu lassen. Zu dieser Zeit durchzogen schon etwa 80 Kilometer Wildzaun die einst urwüchsigen Wälder in Brandenburgs Norden. Sie sollten den Wechsel des Wildes in benachbarte Wälder so gering wie möglich halten. Spätestens seit dem frühen 17. Jahrhundert ließen die Landesherren zwecks Befriedigung ihres ausgeprägten Jagdtriebes aus dem benachbarten polnischen Naturraum aufwendig Elche und Wisente importieren, weil diese schon frühzeitig aus den märkischen Wäldern verschwunden waren. Und so fand die Faunenverfälschung (Veränderung des Artenbestand) im Jagdwesen einen willfährigen Zuarbeiter, bis in die Zeiten der DDR, als Dam- und Muffelwild noch einmal gezielt in die Wälder gebracht wurde.

Allerdings ist nicht allein der jagdlichen Passion einzelner Herrscher der Schwarze Peter für Landschaftsüberformung und Artenausrottung zuzuschieben. Der Landesausbau hatte einen nicht unwesentlichen Anteil daran, angefangen mit der Urbarmachung von Brüchen oder der Ablassung von Seen unter den Preußenkönigen Friedrich Wilhelm I. und Friedrich II. Kommerzieller Torfabbau wie in Kremmen oder Klosterfelde, aber auch die großflächige Förderung von Tonvorkommen, so bei Königs Wusterhausen oder zwischen Marienthal und Zehdenick, hinterließen ebenfalls unübersehbare Spuren.

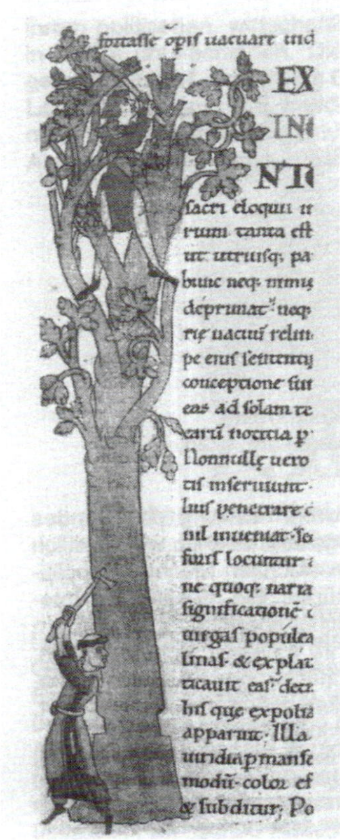

Zisterziensermönche bei der Baumfällung und Laubfuttergewinnung, aus: Karl Hasel, Ekkehard Schwartz: *Forstgeschichte. Ein Grundriss für Studium und Praxis,* Remagen-Oberwinter 2002, S. 54.

Errichtung und Betrieb von Kohlenmeilern, aus: Georg Leppin: *Historische Waldberufe und Waldnutzung im nördlichen Brandenburg,* Potsdam 2010, S. 21.

Auch die intensivierte Land- und Forstwirtschaft veränderte die Landschaft, insbesondere durch die forstliche Monokultivierung der Kiefer, die bereits in der Frühen Neuzeit begann. Als schnellwüchsige, tiefwurzelnde Pionierbaumart sollte sie den stetigen Bedarf an Holz auf den schwachen märkischen Böden sichern. Pollenanalysen zeigen zwar, dass Kiefern zur einstigen

Wildnis Brandenburgs dazugehörten. Doch ihr eng stehender Anbau auf immer größeren Flächen, u. a. ab 1916 zum Zweck der Harzgewinnung, drängte den hochwertigen »wilden« Mischwald immer weiter zurück. Solche Kiefernmonokulturen reagieren nicht nur empfindlich auf Krankheiten und Schädlinge, sondern bieten auch weit weniger Tieren Schutz und Nahrung als natürliche Wälder.

Ist auch in Brandenburg auf alte Höhlenbäume angewiesen: der Waldkauz.

Durch die Vergrößerung von Anbauflächen, den Einsatz von Düngung und Pestiziden und eine fortwährende Technisierung der Landwirtschaft verschwanden und verschwinden nun auch Tierarten aus der Kulturlandschaft, kleinere oftmals sogar unbemerkt. So beispielsweise der Feldhamster, der es trotz der Zerstörung seines Lebensraumes und gezielter Verfolgung durch den Menschen (spätestens seit den Edikten des Soldatenkönigs) schaffte, sein Aussterben in Brandenburg bis zum Jahr 2007 hinauszuzögern. Die Feldlerche befindet sich auf der Roten Liste des Landes Brandenburg, und selbst einstige »Allerweltsvögel« wie Feldsperling und Mäusebussard werden schon auf der Vorwarnliste geführt.

Offenbar werden die wesentlichen Dinge für den Menschen erst dann interessant, wenn sie rar oder gar nicht mehr vorhanden sind. Und so begann die Entdeckung des »wilden« Naturraums Mark Brandenburg erst spät. Einen zaghaften Anfang machte Johann Christoph Bekmann mit seiner *Historischen Beschreibung der Chur und Mark Brandenburg* (2 Bde., 1751–1753), aber erst im 19. Jahrhundert setzte die fachlich fundierte Erkundung und Inventarisierung der märkischen Tier- und Pflanzenwelt ein: mit der *Flora der Provinz Brandenburg, der Altmark und des Herzogthums Magdeburg* aus der Feder Paul Friedrich August Aschersons (1864), dem Band *Die Käfer der Mark Brandenburg* von Wilhelm Ferdinand Erichson (2 Bde., 1837–1839) sowie der *Fauna Marchica* des Johann Heinrich Schulz. Letzterer beklagte in seinem 1845 erschienenen Buch, dass der Biber in der Mark außerordentlich selten sei und »die anderen größeren Säugethiere, welche vorher das Land beherrschten, größtentheils vom Schauplatze abtreten mußten.« Herman Schalows Beiträge zur Vogelfauna der Mark Brandenburg erschienen erst 1919.

Die zunehmend detailliertere Kenntnis heimischer Arten stärkte auch den Naturschutzgedanken. Hugo Conwentz' Denk-

Wolfsjagd mit Netzen und Hunden, aus: Jost Amman: *Kuenstliche Wolgerissene Newe Figuren von allerlai Jag vnd Weidtwerck,* Frankfurt a. M. 1581.

schrift *Naturdenkmäler* aus dem Jahr 1904 wurde mit ihren Beispielen schützenswerter Elemente zur Initialzündung professionellen Naturschutzes – auch in der Mark. Denn Conwentz legte 1907 die erste vegetationskundliche Karte Brandenburgs für das Moorgebiet Plagefenn im Barnim vor, das in jenem Jahr auf Betreiben des Forstmannes Max Kienitz unter Schutz gestellt worden war und damit als ältestes norddeutsches Naturschutzgebiet gilt.

Zu Beginn des 20. Jahrhunderts entspannte sich die Lage trotz der Hochindustrialisierung etwas. Die Menschen fuhren als Sommerfrischler und Wandervögel zur Erholung aufs Land, badeten in den märkischen klaren Seen und durchstreiften abgelegene Dörfer, um dort die urwüchsige ländliche Kultur zu genießen und zu dokumentieren. Im Wald waren nun schon lange keine Waldgewerbetreibenden wie Stabschläger und kaum noch Kohlenmeiler zu finden, dafür zahlreiche Erholungssuchende, ausgerüstet mit Körben und den zugehörigen Pilz- und Beerenscheinen – und Zivilisationsmüll. Das Streben nach größerer Mobilität setzte dieser Idylle spätestens in den 1930er Jahren ein Ende, als mehrere hundert Kilometer Autobahnstrecke zunächst um Berlin herum geschaffen wurden. Gleichzeitig wurde jedoch auch eine neue Qualität im Landschaftsschutz erarbeitet. Während das »Gesetz betr. den Schutz von Vögeln« von 1888 noch tief im preußischen Jagdgesetz verankert war, verschrieb sich das Reichnaturschutzgesetz aus dem Jahr 1935 nicht nur dem Schutz von seltenen Pflanzen und Tieren. Ziel der 27 Paragraphen war auch die Ausweisung von Naturdenkmälern und deren Umgebung, von Naturschutzgebieten sowie auch von Landschaftselementen außerhalb von Siedlungen und bebauten Gebieten. Ungeachtet dessen kamen jedoch nach und nach weiterhin Unmengen asphaltierter Wege für diverse Fortbewegungsmittel (Radwege, Fläming-Skate etc.) hinzu. Sie geben zwar dem menschlichen Drang nach Bewegung mehr Raum, dem Drang der Natur nach ungehinderter Entfaltung stehen sie jedoch entgegen.

Zwar besitzt das Land Brandenburg etwa 33 000 Kilometer Fließgewässer, 3000 Seen und sind 37 Prozent seiner Gesamtfläche mit Wald bedeckt. Doch nüchtern betrachtet, sagen solche Zahlen nichts über den natürlichen Zustand dieser Flächen aus. Wirklich »wild« ist in Brandenburg trotz des Wald- und des Seenreichtums nur wenig, und immer neue, noch monumentalere Landschaftselemente wie Flughäfen, Schiffshebewerke, riesige Fabrikgebäude oder auch Wind- und Solarparks drängen die »Wildnis« immer weiter zurück. Der Grumsiner Buchenwald, seit 2011 Weltnaturerbe, ist mit seiner Fläche von circa 560 Hektar nur knapp doppelt so groß wie allein das Gelände von Teslas seit 2019 aus dem märkischen Sand gestampfter »Giga-Factory« bei Grünheide.

Wir leben im »Anthropozän«, in dem der Mensch durch seine Aktivitäten in nahezu alle natürlichen Prozesse eingreift. Es ist unsere Pflicht, der nächsten Generation ein »wildes Brandenburg« zumindest als Denkmal zu erhalten. Dazu gehört auch, naturbelassene Flächen zu schützen oder durch Entsiegelung neu zu schaffen.

Mario Huth

Literaturempfehlungen:

Tilo Geisel, Michael Egidius Luthardt, Roland Schulz: *Der Grumsin. UNESCO-Weltnaturerbe »Alte Buchenwälder Deutschlands«*, Angermünde 2014;

Albrecht Milnik: *Hugo Conwentz. Klassiker des Naturschutzes. Sein Waldweg zum Naturschutz*, Remagen-Oberwinter ^{2}2004;

Heinz-Dieter Krausch: *Beiträge zur Wald-, Forst- und Landschaftsgeschichte Brandenburgs*, Remagen-Oberwinter, 2008;

Helmut Suter: *Einwanderer ohne Pass, Wölfe in Brandenburg. Über die Ausrottung des brandenburg-preußischen Wolfes durch den Menschen – mit Erwähnung von Bär und Luchs*, Groß Schönebeck 2003 [= *Das Schorfheide-Museum präsentiert*, Bd. 10].

Angelhaken und Geweihmaske

Prähistorische Artefakte der Jäger und der Fischer in der Mark

Wie Steinzeitmenschen der besonderen Art fühlten sich die Studierenden des Instituts für Prähistorische Archäologie der Freien Universität Berlin mit ihrer selbstgebauten Hirschgeweihmaske auf dem Kopf. Im Rahmen eines experimentalarchäologischen Projekts im Museumsdorf Düppel hatten sie 2019 mit Steinzeitwerkzeugen eine Replik des »Kopfschmucks« angefertigt und auf ihre Tragbarkeit hin überprüft. Die Geweihstangen eines Rothirschs wurden mit diversen Klingen und Schabern analog zum Original bearbeitet. Dadurch halbierte sich das Gewicht, und die Maske konnte auf dem Kopf getragen werden. Im Rahmen der Ausstellung »Berlins größte Grabung. Forschungsareal Biesdorf« im Neuen Museum wurden nebeneinander Original und Replik gezeigt.

Schädel eines Höhlenlöwen, Fundort: Berlin-Mitte/Alexanderplatz, MM II 43654.

Die originale Hirschgeweihmaske aus der mittleren Steinzeit war eine archäologische Sensation, damals im Jahre 1953. Gefunden in fünfeinhalb Metern Tiefe bei Ausschachtungsarbeiten am Ufer der Wuhle in Berlin-Biesdorf, wurde das Artefakt später auf den Zeitraum zwischen 8770 und 8570 v. Chr. datiert. Heute ist das prähistorische Objekt der Stolz des Berliner Stadtmuseums. Derartige Funde sind in Europa bislang äußerst selten. Wozu die Steinzeitmenschen die Maske einsetzten, ist noch unklar. Wurde sie auf der Jagd getragen, oder fand sie im Rahmen schamanistischer Rituale Verwendung?

Als in den letzten Jahrzehnten in Biesdorf großflächig gegraben wurde, erhoffte man sich weitere Aufschlüsse über die historischen Zusammenhänge, in denen die Geweihmaske entstanden war. Aber außer Steinwerkzeug konnte man nichts aus dem entsprechenden Zeitraum finden. So bleibt die Biesdorfer Geweihmaske weiterhin ein geheimnisvolles Einzelstück in der Region. Dass seit etwa 10 000 Jahren Menschen an der Wuhle siedelten, konnte allerdings bestätigt werden.

Die ältesten archäologischen Funde im märkischen Boden sind jedoch wesentlich älter. Einzelne Fundstücke stammen aus der Zeit vor 130 000 bis 50 000 Jahren. Man nimmt an, dass es Neandertaler waren, die während der Eiszeit Faustkeile und Abschläge aus Feuerstein und Basalt herstellten. Jedoch sind diese

◄ **Exponat im Archäologischen Landesmuseum Brandenburg.**

Links: Angelhaken, Fundort: Ferchesar, If 4760; rechts: Angelhaken, Fundort: Ferchesar, If 4762.

Artefakte sehr selten: einige Basaltobjekte aus Falkensee (Landkreis Havelland), ein Faustkeil aus dem Nieplitztal bei Treuenbrietzen (Landkreis Potsdam-Mittelmark) und weitere Funde aus der Kiesgrube Vogelsang (Landkreis Oder-Spree). Spektakulär war ein Fund im Niederlausitzer Braunkohletagebau Jänschwalde aus dem Jahr 2013: Im Rahmen eines groß angelegten Forschungsprojektes wurden in einer Tiefe von rund 20 Metern Erdschichten untersucht, die zwischen 130 000 und 128 000 Jahre alt sind. In dieser Zeit endete die vorletzte, die sogenannte Saale-Eiszeit, und es kam zu einer Klimaerwärmung. Archäologen des Brandenburgischen Landesamtes für Denkmalpflege und Paläontologen der Freien Universität Berlin fanden in Jänschwalde Knochen verschiedener Tiere wie Wolf, Pferd, Elch und Bison. Darüber hinaus entdeckten sie Werkzeuge aus Feuerstein, so etwa einen Schaber, mit dem die Neandertaler vermutlich Fleischreste vom Fell erbeuteter Tiere abzuschaben pflegten. Gefunden wurde auch ein Schildkern – ein Stein, aus dem man durch flächigen Abschlag Werkzeuge und Waffen hergestellt hatte. Im Tagebau geborgen werden konnten

Das Ur-Netz, Fundort: Friesack; Archäologisches Landesmuseum Brandenburg.

darüber hinaus Überreste von weiteren Säugetieren und Fischen. Besonders fielen den Archäologen dabei die Knochen eines Wildpferdes auf. Sie wiesen an den Rippen Schnittspuren und an den Halswirbeln Schlagspuren auf – dies alles Indizien dafür, dass das Tier an Ort und Stelle zerlegt worden sein muss. Die Analyse von Gebrauchsspuren an den Steingeräten bestätigte denn auch, dass die gefundenen Artefakte einst mit Fleisch und Knochen in Berührung gekommen waren.

Etwas bequemer hatten es sich die Steinzeitmenschen zwischen 9600 bis 4000 v. Chr. in Jühnsdorf gemacht. Wie sich herausstellte, hatten sie ihre Werkzeuge vor dem Gebrauch schon in einer Hütte bearbeitet, das heißt, wenn man so will, in steinzeitlicher Heimarbeit. Die Grabung bei Jühnsdorf liegt jetzt fast 30 Jahre zurück. Damals sollte der Berliner Autobahn-Südring verbreitert werden. Bevor die Bauarbeiten begannen, hatten die Archäologen nur wenige Monate Zeit. Im Frühjahr 1993 gruben und siebten sie auf der Baustelle. In der kurzen Zeitspanne konnten sie 15 000 Steinartefakte sicherstellen und eine Feuerstelle dokumentieren. Diese Feuerstelle war eine Sensation, denn die Archäologen

Hirschgeweihmaske, Fundort: Berlin-Biesdorf, MM I 82/26.

hatten damit die deutschlandweit erst zweite bekannte menschliche Behausung aus der Epoche des Mesolithikums gefunden. Der Siedlungsplatz auf einer Düne ragte in das große Feuchtgebiet des Rangsdorfer Sees hinein und war damit ein idealer Lebensort für die gerade sesshaft werdenden Jäger und Sammler.

Wasser in der Nähe benötigten die frühen Brandenburger in jedem Fall. Sie waren nicht nur Jäger und Sammler, sondern auch Fischer und Angler. Das belegen eindrucksvoll Fundstücke im Archäologischen Landesmuseum in Brandenburg an der Havel. Zu sehen ist das älteste bekannte Netz Europas, das im Havelland in Friesack geborgen wurde. Wer vor der Vitrine steht, muss schon genau hinsehen, um das Netz als solches zu erkennen. Das etwa 10 000 Jahre alte Fragment aus Bast ist ohne Knoten, nur mittels Schlaufen geknüpft worden. Wahrscheinlich wurde es als Köcher oder als Tragenetz benutzt. Die am Fundort ebenfalls aufgefundenen Fischspeere weisen jedenfalls auf einen Zusammenhang mit der Fischerei hin.

Querschneidige Pfeilspitze, Fundort: Friesack, If 11707.

Dass unsere steinzeitlichen Vorfahren auch schon Angler im heutigen Sinne waren, belegen die 12 300 Jahre alten Angelhaken aus Knochen und Mammutelfenbein. Archäologen entdeckten das Konvolut von sechs Angelhaken Ende der 1990er Jahre im Havelland in Wustermark, zusammen mit zahlreichen Knochenresten von Hechten. Dieser umfangreiche Fund steinzeitlicher Angelhaken steht in einer Reihe mit anderen Funden aus Frankreich, Deutschland und Österreich. Er erregte deshalb große internationale Aufmerksamkeit, weil damit klar wurde, dass diese Technik des Fischfangs von den Steinzeitmenschen unserer Region wesentlich früher eingesetzt worden war als bis dahin angenommen. Bisher hatte man geglaubt, Angelhaken als Werkzeug zum Fischfang seien eine typische technische Errungenschaft der Mittelsteinzeit gewesen. Dank der Funde aus Wustermark wissen wir nunmehr, dass die vielen Angler, die heute an den brandenburgischen Gewässern auf Fangerfolge hoffen, in einer Tradition stehen, die es hier schon in der jüngeren Altsteinzeit vor über 12 000 Jahren gab.

Karen Schröder

Die Tierwelt im Spree-Havel-Gebiet

im slawischen Mittelalter am Beispiel Spandaus

Archäologische Grabungen werden in der Öffentlichkeit vor allem dann wahrgenommen, wenn es spektakuläre Funde zu melden gibt. Neben herausragenden Einzelfunden gibt es aber auch Fundgruppen, die auf den ersten Blick nichts Spektakuläres aufweisen, wie z. B. Tierknochen. Sind die Erhaltungsbedingungen gut, können sie über Jahrhunderte unbeschädigt im Boden überdauern. Und so werden bei langjährig durchgeführten Ausgrabungen oftmals Tausende Tierknochen geborgen, deren naturwissenschaftliche Auswertung nicht nur einen Einblick in die Nahrungsgewohnheiten vergangener Zeiten eröffnet, sondern auch Rückschlüsse auf die damalige Tierwelt und die dazugehörige Landschaft ermöglicht.

Ein solcher Glücksfall – gute Erhaltungsbedingungen und langjährig betriebene Ausgrabungen – findet sich in Berlin-Spandau. Hier, im Mündungsbereich der Spree in die Havel, legten slawische Siedler im letzten Drittel des 9. Jahrhunderts auf einer der zahlreichen Inseln einen Burgwall an, der im Verlauf der Jahrhunderte immer weiter ausgebaut wurde und zu Beginn des 12. Jahrhunderts frühstädtische Züge annahm. Seit den 1960er Jahren finden hier Ausgrabungen statt, sodass erhebliche Mengen

© Hans-Peter Vietze

Hirschgeweih, in einem Haus gefunden. Archiv Bodendenkmalpflege Landesdenkmalamt Berlin.

von Tierknochen einen Einblick in die Tierwelt des frühen und des hohen Mittelalters im Spree-Havel-Gebiet geben.

Erwartungsgemäß bilden Knochen von Haustieren, die die Fleischversorgung der Burgbewohner sicherten, den größten Anteil. Dazu gehören Rind, Schwein, Schaf und Ziege sowie Geflügel und Gänse. Das Pferd als Reit- und als Arbeitstier wurde ebenfalls in größerem Umfang nachgewiesen. Neben der Viehzucht spielte die Versorgung mit Wildfleisch eine nicht unbedeutende Rolle, was sich in den zahlreichen Knochen von Wildtieren widerspiegelt, die in der Burg gefunden wurden.

Während der Slawenzeit, also etwa vom 7. bis zum 12. Jahrhundert, sah die Landschaft im Spree-Havel-Gebiet deutlich anders aus als heute. Obwohl die Slawen auch Ackerbau und Viehzucht betrieben, gab es neben den dazu genutzten Flächen große

Geweihbehälter aus Hirschgeweih, Nutzung wahrscheinlich für Salz oder Kräuter. Archiv Bodendenkmalpflege Landesdenkmalamt Berlin.

zusammenhängende, dichte Laub- und Mischwälder wie auch wasserreiche lichte Waldgebiete. Freie Flächen mit ausreichend Randbewuchs für verschiedene Tierarten wie z. B. Reh oder Hase muss es ebenfalls gegeben haben, außerdem feuchte Wiesen und Bruchwälder. Der Wasserreichtum im Umfeld Spandaus bot weiteren zahlreichen Tierarten gute Lebensmöglichkeiten.

Unter den von den Archäologen nachgewiesenen Wildtierarten dominieren Rothirsche, Wildschweine und Rehe. Neben Fleisch und Fell lieferte insbesondere der Hirsch weitere Rohstoffe, darunter die begehrten Geweihe. Sie wurden z. B. für die Anfertigung von Messergriffen, Nadeln, Kämmen und Behältern verwendet. Ein besonders schönes Fundstück ist ein Spielstein aus Geweih, der einen balzenden Birkhahn zeigt.

Spielstein aus Geweih mit einem balzenden Birkhahn. Museum für Vor- und Frühgeschichte, Staatliche Museen zu Berlin.

Neben diesen Tieren fanden sich Überreste von Braunbär und Elch sowie von den Wildrindern Ur (Auerochse) und Wisent, die wie die Wildkatze und der Luchs dichte Misch- und Laubwälder bevorzugten. Sie alle verschwanden in den folgenden Jahrhunderten aus Brandenburg, weil die Menschen sie jagten und immer mehr Wälder rodeten. Braunbär und Ur gelten seit dem 17. Jahrhundert als ausgerottet, Luchs und Wildkatze verschwanden im 19. Jahrhundert. Auch der Wolf gehörte vor tausend Jahren zum ständigen Bewohner, bis auch er im 18. und im 19. Jahrhundert ausgerottet wurde. Weiterhin bevölkerten Rotfuchs, Dachs, Baummarder, Waldiltis und Eichhörnchen die Umgebung der Spandauer Burg. Diese Tiere fanden vor allem als Lieferanten für Felle den Weg in die Burg. Dazu gehörten auch Biber und Fischotter, die sich in dieser wasserreichen Gegend wohlfühlten.

Das Fundmaterial in Spandau umfasst auch die Vogelwelt: Allein 32 Wildvogelarten wurden hier nachgewiesen. Aufgrund der wasserreichen Gegend fanden sich vor allem Überreste von Wasservögeln, darunter mehrere Entenarten, die anscheinend intensiv bejagt wurden. Aber auch Schwäne, Haubentaucher, Zwergsäger und Wasserrallen kamen vor. Seeadler, Graureiher, Kormorane und Kraniche sowie die Rohrdommel bevölkerten ebenfalls das Spree-Havel-Gebiet. Andere Arten wie der Auerhahn und das Birkhuhn bevorzugten vor allem die lichten Wälder der Spandauer Umgebung. Sie galten zeitweise als in Deutschland

Der Spandauer Burgwall um 1100.
Museum für Vor-und Frühgeschichte, Staatliche Museen zu Berlin.

ausgestorben. Krähen, Elstern, Eichelhäher und der Kolkrabe konnten ebenfalls nachgewiesen werden.

Natürlich nutzten die Bewohner im slawischen Spandau auch den Fischreichtum der Havel. In der Burg und der Burgstadt fanden sich zahlreiche Hinweise auf Fischfang und Fischverarbeitung. Der Menge nach zu urteilen, fingen die Spandauer Slawen am liebsten den Wels. Die Untersuchung ergab, dass dabei Tiere mit einer Länge von über 1,50 Metern bevorzugt wurden. Diese Fische können eine Länge von bis zu drei Metern erreichen. Außerdem fing man in den Gewässern um die Spandauer Burg Hechte,

Holzbehälter mit einem Hühnerkopf.
Archiv Bodendenkmalpflege Landesdenkmalamt Berlin.

Schleie, Rapfen, Barsche, Plötze, Bleie und natürlich den Aal. Auch die Sumpfschildkröte, die bis in das 19. Jahrhundert häufig anzutreffen war, sowie verschiedene Muschelarten wurden nachgewiesen.

Die im slawischen Burgwall nachgewiesenen Tierarten fanden sich auch bei weiteren Ausgrabungen auf vergleichbaren Fundplätzen. Sie zeichnen das Bild einer facettenreichen Natur zwischen Elbe und Oder mit einer reichen Tierwelt, die von den slawischen Stämmen intensiv zur Ernährung genutzt wurde.

Das heutige Landschaftsbild Brandenburgs entstand im Zuge des deutschen Landesausbaues Ende des 12. und während des 13. Jahrhunderts. Die Wälder wurden gerodet und wichen Städten, Dörfern und Feldern. Die zahlreichen Anstauungen für Wassermühlen veränderten teilweise die Gewässerläufe. Diese Entwicklung entzog zahlreichen Tierarten die Lebensgrundlage, und zu dieser Entwicklung trug auch die intensive Bejagung bei, zum Beispiel die des Wolfs.

Uwe Michas

Literatur:

Peggy Morgenstern: *Tierknochenfunde aus dem slawischen Burgwall von Berlin-Spandau. Archäozoologische Studien zu Umwelt und Wirtschaft* [= *Studien zur Archäologie Europas,* 26], Bonn 2015;

Cornelia Becker: »Zur slawisch-frühmittelalterlichen Großwildjagd im Havel-Spree-Gebiet«, in: Adriaan von Müller, Klara von Müller-Muci, Vladimir Nekuda: *Die Keramik vom Burgwall in Berlin-Spandau* [= *Berliner Beiträge zur Vorgeschichte,* 8], Berlin 1993, S. 100–112;

Norbert Benecke: »Die Tierreste vom Pennigsberg«, in: Felix Biermann (Hrsg.): *Pennigsberg-Untersuchungen zu der slawischen Burg bei Mittenwalde und zum Siedlungswesen des 7./8. bis 12. Jahrhunderts am Teltow und im Berliner Raum* [= *Beiträge zur Ur- und Frühgeschichte Mitteleuropas,* 26], Langenweißbach 2001, S. 249–269.

Fische und Fischerei

im historischen Landschaftsbild Brandenburgs

Die Landschaft der Mark Brandenburg ist geprägt durch eiszeitlich entstandene Höhenrücken, Urstromtäler, große Flüsse wie Havel, Spree und Schwarze Elster und weit über 3000 Seen. Mit einem Fließgewässernetz von ca. 29 500 Kilometern gilt Brandenburg als das gewässerreichste Bundesland Deutschlands. Bedingt durch ihre eiszeitliche Entstehungsgeschichte und aufgrund des geringen Gefälles mäandrierten die Fließgewässer stark und wurden häufig von Niedermooren, Luch- bzw. Bruchlandschaften begleitet. In den Seen, Flüssen und Bächen lebten nach heutigem Kenntnisstand mindestens 54 Fisch- und Rundmaularten, darunter Arten, die heute als verschollen gelten oder extrem selten geworden sind, weshalb sie kaum noch jemand kennt – wie Stör, Maifisch, Schnäpel, Ziege, Fluss- und Meerneunauge, Elritze oder Groppe. Auch die weit wandernden Meerforellen und Lachse zogen auf ihrem Weg zu den Laichplätzen in den Äschen- und Forellengewässern durch die Mark und fanden zuweilen bereits hier ihre Kinderstube – so in der Prignitz, im Fläming und in der Lausitz. Den mit bis zu 6000 Kilometern weitesten Weg zwischen Kinderstube und Nahrungsgrund aber vollzog der Aal, der Jahr für Jahr aus der Sargassosee im Westatlantik auch bis nach Brandenburg kam. Diesen Zug der kleinen Steigaale von ca. zehn bis 20 Zentimetern Körperlänge konnte man noch vor etwa 100 Jahren in der Elbe als viele Kilometer langes und mehrere Meter breites dunkles Band entlang der Ufer beobachten.

© Heimatmuseum Arneburg

Einer der letzten, 1932 bei Arneburg gefangenen Elbe-Störe.

Fischeiweiße waren und sind eine unserer wichtigsten Nahrungsgrundlagen. Archäologische Funde belegen, dass man bereits vor 12 000 Jahren dem Fischfang nachging und die prähistorische Besiedlungsgeschichte unseres Landes untrennbar mit dem Leben und der Arbeit von Fischern und ihren Familien verbunden ist. Noch heute ist Brandenburg die Hauptregion der erwerbsmäßigen Seen- und Flussfischerei und liefert etwa 40 Prozent der gesamten Fänge Deutschlands.

Ab dem frühen Mittelalter wurde die Fischerei zunehmend perfektioniert und die Bevölkerung betrieb lebhaften Handel mit Fischen. Man versuchte daher, die Fischerei in geordnete Bahnen zu lenken. Die fischereiliche Bewirtschaftung oder Verpachtung lag in der Hand der Adelshäuser, sodass bereits Ende des 11. Jahrhunderts fast alle größeren und ertragreichen Gewässer nicht mehr allgemein nutzbar waren. Selbst der Handel mit Fischen wurde reglementiert. Störe und Lachse galten als sogenannte Herrenfische und waren bei den Amtsleuten oder Fürsten abzuliefern. Adelshäuser handelten sogar mit Fischereirechten und Gewässerstrecken, aber auch die Streitigkeiten um diese nahmen zu und endeten nicht selten in kleinen kriegerischen Fehden.

Auch die Kirche, speziell die Klöster und die Bistümer, gelangten sehr früh in den Besitz umfangreicher Fischereirechte. Weil die Gewässer den Bedarf nicht immer deckten, legten die Klöster zusätzlich Fischteiche an. Dies war die Geburtsstunde der Teichwirtschaft und damit der heutigen Teichlandschaften im Süden Brandenburgs.

Wie die Handwerker schlossen sich auch die Fischer im Mittelalter zu Zünften bzw. Gilden zusammen. Fangtechniken bzw. Fangmethoden verfeinerten sich mit Zug- und Stellnetzen, Fischfallen, Reusen und Hamen. Der zunehmende Raubbau an Wäldern und Fischen soll Martin Luther zu dem Ausspruch veranlasst haben, dass der Mark dereinst beides noch fehlen werde.

Schon lange vorher, im Jahre 1311, werden in den Quellen erste fischereiliche Hegegedanken erwähnt: In den Lychener Seen war die Fischerei zur Laichzeit der Plötzen verboten. Um 1483 wurden Teile der Havel als Fischschongebiet ausgewiesen, und auf dem Plessower See wurde seit 1452 während der Laichzeit der Bleie der Fischfang unterbrochen. Mit dem preußischen Fischereigesetz von 1874 regelte man erstmals die Fischerei einheitlich und brachte auch den Fischartenschutz voran. So wurden Schonzeiten präzisiert, Schonreviere ausgewiesen sowie Vorschriften für die Herstellung von Fischpässen integriert.

© Janek Simon

Glasaale.

Lange Zeit waren es nur die zum Mahlen von Getreide, zum Sägen von Holz oder als Hammerwerke errichteten Wassermühlen, die den Fischen das Leben schwer machten, weil sie deren Wanderwege unterbrachen oder die Laichplätze beeinträchtigten. Doch mit den umfangreichen Flussbaumaßnahmen und den Luch-Entwässerungen im 17. und im 18. Jahrhundert verloren viele unserer Flüsse und Bäche ihr ursprüngliches Gesicht, wurden für die Entwässerung und die Gewinnung landwirtschaftlicher Flächen sowie für die Schifffahrt im Lauf begradigt, vertieft und verbreitert und durch zahlreiche Stauanlagen und Schleusen unterbrochen. Überschwemmungsflächen gingen verloren, die den Fischen einst wertvolle Kinderstuben und Nahrungsgründe boten. Als Mitte des 19. Jahrhunderts die Industrialisierung einsetzte, die Städte wuchsen, die Schifffahrt und die Landwirtschaft intensiviert wurden, litt durch die Einleitung ungeklärter Abwässer die Wasserqualität. Hinzu kamen Wasserkraftanlagen, die nicht nur die Flüsse stauen und die Wanderungen der Fische behindern, sondern diese wegen fehlender Schutzeinrichtungen auch schädigen oder töten. Die Intensivierung der Be- und Entwässerung landwirtschaftlicher Flächen durch künstliche Gräben und Kanäle (Melioration) in den 1960er und 1970er Jahren führte die menschengemachte Veränderung der Gewässerlandschaft fort, und aktuell beeinträchtigen neu gebaute Häuser und Bootshäfen (Marinas) an den Ufern sowie diverse Wassersportaktivitäten die Gewässer und deren Bewohner.

© Lars Dettmann

Ein in der Havel ausgesetzter Jungstör.

Mit den Veränderungen der Lebensräume veränderten sich auch die Fischgemeinschaften. Viele wandernde Flussfischarten sind verschwunden oder in ihrem Bestand bedroht. Unempfindliche bzw. anspruchslosere Arten wie Plötze oder Barsch nahmen hingegen zu. Die Veränderung der Gewässerlandschaft führte auch zu einem Niedergang der Fischereiwirtschaft. Während früher fast jedes Dorf und jede Stadt am Wasser seine Fischer und Fischmärkte hatten, leben heute in Brandenburg kaum noch 400 Menschen und etwa 125 Fischereibetriebe direkt oder indirekt vom Fischfang. Die Globalisierung des Handels und das stark veränderte Essverhalten tun ihr Übriges: Wer isst heute noch regelmäßig Fisch aus unseren Seen und Flüssen?

Immerhin: Die gesellschaftlichen und wirtschaftlichen Umbrüche ab 1989 sowie ein zunehmendes Umweltbewusstsein verbesserten in den 1990er Jahren die Wasserqualität; Wehre und Meliorationssysteme werden um- oder zurückgebaut. Bäche und Flüsse werden zudem verstärkt an die Anglerverbände verpachtet, die sich um gewässerentsprechenden Fischbesatz kümmern, um Strukturverbesserungsmaßnahmen, Röhrichtpflege oder um die Reinhaltung der Ufer. Der Landesanglerverband Brandenburg bemüht sich seit 1998 um die Wiederansiedlung von Lachs und Meerforelle. So können seit 2002 in der Stepenitz (Prignitz) wieder regelmäßig aufsteigende Laichfische nachgewiesen werden. Auch im System der Schwarzen Elster und der Ucker gibt es entsprechende Bemühungen. Gemeinsam mit den Fischern kämpfen die Angler derzeit auch um den Erhalt der Aalbestände in Brandenburg. Selbst für den Stör scheint es Hoffnung zu geben, der im Oder-Gebiet und an der Elbe wieder angesiedelt werden soll.

© IFB Potsdam 2006

Lachsmännchen aus der Stepenitz in Perleberg.

Das Leben auf der Erde wie auch in der Mark Brandenburg ist vom Wasser abhängig. Es ist nicht nur Basis allen Lebens, sondern zugleich wichtigstes Lebensmittel und bestimmend für das Klima. Unsere Bäche, Flüsse und Seen sorgen wie Lebensadern für die Aufrechterhaltung der biologisch lebensnotwendigen Kreisläufe und Gleichgewichte. Aber obwohl es seit vielen Jahren Richtlinien zum Umgang mit den Lebensräumen empfindlicher Arten und mit den Gewässern gibt, mangelt es an deren Umsetzung. Daher brauchen wir auch in Zukunft handwerklich gut geschulte Fischer und Angler, die dafür sorgen, dass unsere Gewässer geschützt und Fische nachhaltig, regional und somit klimaschonend genutzt werden.

Steffen Zahn

Wölfe in Brandenburg

Wolfshagen, Wolfshain, Wolfslake, Wolfsbruch oder Wolfsruh – in den Grenzen des heutigen Landes Brandenburg künden viele Orts- und Flurnamen von einem Bewohner, der lange nur als einsamer Gast anzutreffen war; denn bis vor wenigen Jahren galten Wölfe hier als ausgerottet.

Die Vertreibung der grauen Räuber begann im Mittelalter, als die Viehzucht an Bedeutung gewann. Außerdem sah der jagende Adel im Wolf einen Konkurrenten, der Wild tötete oder beunruhigte. Gesichtete Wölfe wurden gnadenlos verfolgt. Die Quellen aus dieser Zeit berichten, dass brandenburgische Städte in Streit darüber gerieten, wer in welcher Höhe für die Bejagung der Wölfe zu zahlen habe. Auch Berichte über – oft generalstabsmäßig vorbereitete – Wolfsjagden sind aus fast allen Teilen des Landes Brandenburg und über mehrere Jahrhunderte überliefert. Sie künden von ungeeignetem Personal – »Weibspersonen«, »Kinder« – und von hohen Geldstrafen, mit denen Untertanen belegt wurden, die sich der Teilnahme an der Wolfsjagd verweigerten. »Sobald der Schnee frisch gefallen war, begannen die großen Wolfsjagden, zu denen die notwendigen Mannschaften aus Städten und Dörfern zusammenbefohlen wurden. Die zu diesem Wolfsjagdlaufen herangezogenen Leute mussten sich auf mindestens drei Tage mit Mundvorrat versehen und hatten häufig mit dem elendsten Nachtquartier vorliebzunehmen. Ja, es heißt, dass vielfach Menschen bei diesem Jagdlaufen erfroren seien«, schrieb später der Kreishistoriker Rudolf Schmidt im *Oberbarnimer Kreiskalender.*

Gedenkstein für ehemalige Raststätte und Schäferei »Hungriger Wolf« im Ortsteil Oderin der Gemeinde Halbe im Landkreis Dahme-Spreewald.

Für das 16. und das 17. Jahrhundert teilt der Jagdschriftsteller Franz Genthe mit: »Bis zum Regierungsantritt des Kurfürsten Georg Wilhelm war die Arbeit mit dem Wolfsjagdzeuge streng geregelt und wurde auch auf strikte Durchführung der Edikte gesehen. Mit unbeugsamer Energie hatten die Hohenzollern auf die Verpflichtung des Wolfsjagdlaufens bestanden, und der Erfolg gab ihnen recht, wenn auch dieses ›onus‹ die Bevölkerung härter traf als selbst die Blutsteuer. Man muß sich klar darüber sein, was die Raubtierplage in damaliger Zeit für das Land bedeutete. Die Mark war, wie wenige Länder Deutschlands, mit dichten, zusammenhängenden Wäldern bedeckt, ein Schlupfwinkel für das lichtscheue Getier, und aus dem benachbarten Polen, das fast an die Oder grenzte, fand ein ununterbrochener Zuzug des vierfüßigen Gesindels statt.«

Der Dreißigjährige Krieg und die Pest trafen Brandenburg schwer. Unzählige Dörfer wurden niedergebrannt, Mensch und Vieh hungerten, ganze Landstriche wurden entvölkert. Da auch die Jäger fehlten, wuchsen nach 1648 die Populationen von Rehen und Wildschweinen und in der Folge des guten Angebots an Beutetieren auch die Menge der Wölfe. Erst mit der Erholung des Landes und der Einführung neuer Waffen nahm der Jagddruck

◄ **In Europa leben nach Schätzungen** der Large Carnivore Initiative for Europe (LCIE 2019) außerhalb Russlands etwa 17 000 erwachsene Wölfe, davon 13 000 bis 14 000 innerhalb der Grenzen der EU. Diese europäischen Wölfe bilden zurzeit neun, zum Teil voneinander isolierte Populationen. Die Wölfe in Brandenburg gehören zur Zentraleuropäischen Population.

© Wildtiergehege Kunsterspring

Wölfe bleiben äußerst scheue Wildtiere. In freier Wildbahn braucht es viel Glück und Geduld, sie so vor eine Kamera zu bekommen. In Zoos und Gehegen wie hier in Kunsterspring werden sie an Menschen gewöhnt.

auf die Wölfe wieder zu. Um 1650 entsandte der Große Kurfürst bei Einbruch des Winters alljährlich Jagdknechte zur Wolfsjagd. Zunächst von Cölln, später vom Jagdschloss im Grunewald aus wurden die Jagden technisch ausgestattet. Wolfsnetze, Stangen und Lappbänder lagerte man noch vor gut 200 Jahren in mehreren Forsthäusern, so auch bei Tauer im Landkreis Spree-Neiße. Dort sind in den tiefen Wäldern sogar Grabensysteme und kleine Wälle für die Wolfsjagd angelegt. Wer aufmerksam durch das Naturschutzgebiet »Tauersche Eichen« wandert, kann sie noch heute sehen.

In der ersten Hälfte des 19. Jahrhunderts wurde die Wolfsjagd weiter geregelt. In der brandenburgisch-preußischen Verordnung »Von Jagdgerechtigkeit, Jagd-Nutzung und den Wolfs-Jagden« aus dem Jahr 1805 lässt sich anhand des Regelungsbedarfs erahnen, wie es zugegangen sein muss: »Wo mehr als zwey Wölfe gespüret werden, steht es jeder Orts-Obrigkeit frey ein Treibjagen aufzustellen […]. Zur Ausrottung dieser Raubthiere, als allgemeiner Feinde der Nation müssen alle Unterthanen beitragen. […] Die gestellten Leute müssen den Anordnungen des die Wolfsjagd dirigierenden Forstbedienten willig gehorchen und dürfen sich nicht eher entfernen, als bis die Wolfsjagd völlig beendet worden […].«

1817 lobte die Potsdamer Regierung Prämien aus, um die Jägerschaft wieder mehr für die Wolfsjagd zu interessieren. Doch diese schummelte offenbar bei der Abrechnung: »Zur Vermeidung von Unterschleifen [Unterschlagung] müssen jedoch die erlegten Wölfe sofort jedes Mal ganz, und nicht bloß deren Bälge, dem Landrat des Kreises oder dem nächsten Königlichen Revier-Forstbediensteten vorgezeigt und sodann den Wölfen die Gehöre oder Ohren abgeschnitten werden.«

Mit der Zeit erzielte die Bejagung den gewünschten Effekt: In weiten Teilen des heutigen Landes Brandenburg, vor allem aber dort, wo der Anteil naturnaher Areale zugunsten von Weiden, Äckern und Wirtschaftswäldern zurückging, wurden die Wölfe immer seltener. Ihr Kerngebiet verschob sich über Oder und Neiße nach Osten. Zwar wurden hin und wieder einzelne Wölfe beobachtet, die aus dem angrenzenden Polen eingewandert waren, sie hatten jedoch keine Chance, heimisch zu werden. Von 1979 bis Mai 1991 wurden in Brandenburg mindestens zwölf Tiere erlegt. Nach der deutschen Einheit galten die Abschüsse als illegal.

Auch in Polen drohte im 20. Jahrhundert das Ende der Wölfe. Eine größere Population überlebte in den bewaldeten und unzugänglichen Regionen im Südosten und im Nordosten des Landes. Seit 1995 ist der Wolf in allen westpolnischen Woiwodschaften geschützt, seit 1998 in ganz Polen. Mit Eintritt in die EU 2004 hat das Land auch die damit einhergehenden Verpflichtungen zum Schutz der Wölfe übernommen. Das zeigte Wirkung und hatte direkte Auswirkungen auf Brandenburg und Sachsen. Ende der 1990er Jahre wanderten zwei Wölfe aus Westpolen in die sächsische Lausitz ein und im Jahr 2000 begann auf einem Truppenübungsplatz in Nordost-Sachsen mit der Geburt von Welpen wieder die Ära freilebender Wolfsrudel in Deutschland. Es folgte weiterer Nachwuchs, der dann auch Brandenburger Gebiet zu durchstreifen begann. So wurde zu Anfang des Jahres 2007 nordwestlich von Bad Muskau, an der Grenze der sächsischen Oberlausitz zur brandenburgischen Niederlausitz, erst eine einzelne Wolfsfähe beobachtet, wenig später auch ein Rüde. Und am 17. Juli 2007 konnten Wissenschaftler des Wildbiologischen Büros Lupus auf dem ehemaligen Truppenübungsplatz in der Zschornoer Heide Welpenspuren feststellen – zum ersten Mal seit 200 Jahren in Brandenburg.

Wolf auf einem Truppenübungsplatz in Brandenburg. Collage / Zeichnung von Roland Boll, Landesbetrieb Forst Brandenburg.

Heute ist Brandenburg aufgrund seiner in einigen Landesteilen dünnen Besiedlung, wegen seiner vielen Wald- und Heideflächen und seines hohen Wildtierbestands das Bundesland mit den meisten Wölfen. Im Wolfsjahr 2019 / 20 wurden hier 47 Rudel und zusätzlich zehn Paare nachgewiesen.

Nicht jeder sieht die Rückkehr des Wolfes gern. Das Brandenburger Umweltministerium hat bereits in den 1990er Jahren als erstes Bundesland einen Leitfaden für den Umgang mit Wölfen erarbeitet. Er beruht auf zwei Prämissen: Wir alle müssen mit der Tatsache umgehen, dass Wölfe wieder dauerhaft Mitbewohner unserer Landschaft sind. Und zweitens: Mit den aus der Rückkehr der Wölfe resultierenden Kosten in der Nutztierhaltung dürfen die Tierhalter, vor allem die Weidetierhalter, nicht allein gelassen werden. Gerade weil sich beim Wolf die Geister scheiden, wird das Wolfsmanagement immer weiterentwickelt – um das Zusammenleben von Mensch, Nutztier und Wolf zukünftig konfliktfreier zu gestalten.

Jens-Uwe Schade

UNESCO-Weltnaturerbe »Buchenwald Grumsin«

Der Grumsin – ein Wort wie Donnergrollen, und das hatten die Namensgeber, unsere frühen Vorfahren, wohl auch im Sinn. Der Grumsin ist heute ein alter Buchenwald, der auf einem stark bewegten Geländerelief steht; denn die Gletscher der letzten Eiszeit, die den Nordosten Brandenburgs eindrücklich geformt haben, stockten dort, schoben sich vor und zurück, Gletscherzungen kamen sich gegenseitig ins Gehege und ließen ihre Kräfte spielen. Als sie endlich, vor etwa 15 000 Jahren, schwanden, war ein Land entstanden, das wie ein Mittelgebirge inmitten einer Endmoräne des nordostdeutschen Tieflandes wirkt. Steile Hänge, lange Rinnen, wassergefüllt, verschüttete Eisblöcke, tiefe Senken und ungeheure Mengen des mitgebrachten Gletscherschutts, Steine und Felsbrocken – all das war auf kleiner Fläche zusammengehäuft worden und ließ in der Folge, als Wärme und Vegetation zurückkehrten, eine Landschaft entstehen, die weithin ihresgleichen sucht.

Die Hänge bewaldeten sich wie auch das ganze Umland, und als die Buche vor etwa fünftausend Jahren als Letzte zurückkehrte von ihrer Flucht vor dem Eis, da übernahm sie auch den Grumsin, verdrängte Hasel, Kiefer und Birke, ließ gerade einmal ein paar Linden, Ahorne und die bescheidenere Hainbuche gelten. Unter dem dichten Dach der Buchenblätter blieb kaum Licht, und wem das zu wenig war, der verschwand bald. Nur dort, wo das Wasser stand, Seen und Moore sich ausgebildet hatten, fassten Schwarzerlen Fuß, flogen Weidensamen ein. Als Menschen zurückkehrten in das wieder bewohnbar gewordene Land, da fürchteten sie den Gewitterdonner, der sich in den Hügeln und den Hängen immer wieder brach und als Echo zurückgeworfen wurde – das alte Wort »Grumsin« beschreibt es noch. In der Jungsteinzeit (5800 bis 2000 v. Chr.) lebten im heutigen Brandenburg Jäger und Sammler neben den ersten sesshaften Ackerbauern. Zu ackern auf solchem Grund, das war fast unmöglich, und deshalb wurde es rasch aufgegeben. Zu steil die Hänge, zu steinig der Boden, das wurde kein Acker. Aber etwas gab es im Überfluss im Grumsin, das die Menschen gerne haben wollten – Wild. So wurde die Jagd zur bevorzugten Art der Nutzung in diesem alten, wilden Wald. Hirsche, Rehe, Wildschweine, Bären, Wölfe, Füchse, Dachse, Marder, alle diese Wildarten gab es dort. Außerdem fanden Adler, Schwarzstörche und Kraniche ihre sicheren und ungestörten Brutstätten dort, wo es die Menschen zu unbequem gefunden hatten. Der Buchenwald Grumsin war eine Quelle vielfältigen Lebens und ist es bis heute geblieben.

Menschliche Gemeinschaften wandelten sich von einfach strukturierten Horden hin zu spezialisierten Gemeinwesen. Landeigentum entstand und war vielfach umkämpft. Das frühe Mittelalter sah häufig Streit zwischen den pommerschen Herrschern im Norden und den askanischen Herrschern im Süden um das wald- und wildreiche Gebiet. Erst 1479 wurde die Gebietsherrschaft der brandenburgischen Herrscher festgeschrieben. Aber das Wild ließ sich keine Grenzen setzen, es wechselte nach eigenem Entschluss nach Norden oder Süden. Dies wurde als Anlass genommen, einen

Die spektakulären Herbstfarben im Buchenwald ziehen alljährlich zahlreiche Besucher in den Grumsin – leuchtendes Laub, stille Waldseen, geheimnisvolle Moore sind eine faszinierende Melange.

◄ **Der Grumsiner Forst** (Landkreise Uckermark und Barnim).

Zaun zu errichten von Ost nach West, der das Wild am Auswechseln hindern sollte. Er verlief ungefähr in der Höhe Oderbergs bis nach Zehdenick im Westen. Die erste Anlage verfiel, der Dreißigjährige Krieg vertrieb die Menschen aus der Gegend. Erst 1661 kam es zum Wiederaufbau, und damit die regelmäßig notwendigen Reparaturen auch tatsächlich vorgenommen wurden, ließen die Herrscher sogenannte Zaunsetzerstellen anlegen, kleine, in regelmäßigen Abständen entlang des Zaunes errichtete Ansiedlungen, wo jeweils eine Familie den Zaun unterhielt und dafür Land zur eigenen Nutzung bekam. Auch der kleine Ort Grumsin ist eine solche ehemalige Zaunsetzerstelle, und der alte slawische Name ist ihm geblieben bis auf den heutigen Tag.

Der ehemals riesige Wald, von dem der heutige Grumsin nur noch einen Bruchteil darstellt, behinderte nicht nur den Ackerbau auf den günstigeren Grundmoränenflächen, er war auch ein scheinbar unerschöpflicher Holzlieferant. Holz wurde gebraucht im Baugewerk, im Schiffsbau, die Behausungen wurden mit Holz geheizt, und mit dem Aufkommen des Glasmacherhandwerks in der Region wuchs der Holzbedarf ins Unermessliche. Der riesige »Ukermärkische Wohld«, gefürchtet ob seiner Dimensionen, seiner Wildheit, er wurde kleiner und kleiner, und den Grumsin schützten erneut nur seine Unzugänglichkeit und die enormen Schwierigkeiten, dort Holz zu ernten.

Erich Mielke (ganz rechts), Minister für Staatssicherheit der DDR, mit anderen Jägern vor einer Jagdstrecke mit Wildschweinen.

Den Regierenden der DDR war der Wildreichtum nicht entgangen, und ganz in der Tradition des Adels reservierten viele sich ein Jagdgebiet in schönster Lage. So verzeichnete der Grumsin in seiner langen Geschichte auch eine Zeit, in der er 1957 zum Staatsjagdgebiet erklärt wurde und das Wild sich vor den Flinten des Ministers für Staatssicherheit, Erich Mielkes, fürchten musste, der es ab 1962 allein bejagen durfte. War er abwesend, so ließ er viele treue Staatsdiener im Wald umhergehen, die dafür zu sorgen hatten, dass niemand anderer sich dort aufhielt.

Mit dem Zusammenbruch der DDR 1989 begann für den Grumsin eine völlig neue Zeit. Er wurde als eine Kernzone im UNESCO-Biosphärenreservat Schorfheide-Chorin ausgewiesen, was ihm die vollständige Nutzungsfreiheit gesetzlich sicherte. Seit diesem Tag, dem 12. September 1990, darf dort kein Baum mehr gefällt werden. Am 25. Juni 2011, nach Jahren der Vorbereitung, erfuhr der Grumsin eine weitere Rangerhöhung: Er wurde als Teilgebiet des deutschen Beitrages zum europäischen Weltnaturerbe der Buchenwälder anerkannt.

Und wie ist es nun im Grumsin? Wer ihn begreifen will, dem sei eine Wanderung mit einem bzw. einer der Natur- und Landschaftsführer und -führerinnen empfohlen. Denn noch sieht man

© Christoph Hauschild

ihm an, dass Menschen immer wieder versucht haben, ihm zum eigenen Nutzen etwas abzuringen, bis hin zur Zeit der Steinschlägerei, bei der, noch bis in die letzte Hälfte des vergangenen Jahrhunderts, aus den Steinen der Eiszeit Pflastersteine und Bausteine für Haus- und Kirchenbau gewonnen wurden. Aber man sieht noch mehr: Hier ist ein Buchenwald auf dem Weg zurück zu seinem ursprünglichen, natürlichen Gefüge, hier können wir beobachten, wie das niedergestürzte Holz alter Bäume vergeht, wie daneben der Jungwuchs aufschießt, das Lichtloch im dichten Blätterdach nutzend. Wissenschaftler finden inzwischen neue Tierarten, die nur in alten, ungestörten und selbstorganisierten Wäldern leben. Das sind sichere Zeichen dafür, dass der Grumsin sein eigenes Netz von Lebensbeziehungen immer noch dichter schließt.

Nicht lange bleiben die beiden erst zwei Tage alten Kranichküken auf dem Nest, der Altvogel führt sie bald zur Nahrungssuche in den Wald.

Was haben wir aber davon? Hier sei nur erzählt, dass, wer zur rechten Stunde Halt auf einem der Wanderwege macht und sich Zeit nimmt, zu hören und zu sehen, teilhaben kann an märchenhaften Stimmungen und Stimmen. Über dem weißen Schleier des fruchtenden Wollgrases im Moor tanzen mitunter wunderliche Wesen, und am Rand des Erlenbruchs schlüpfen zum bestimmten Tag die Libellen aus ihren kleinen Häuten, um ihrerseits ihre schwirrenden Flüge zu beginnen. Wer sehr viel Glück hat, dem begegnen die sagenhaften Kraniche des Grumsin. Ungefähr zwanzig Brutpaare nutzen den unzugänglichen und weitgehend ungestörten Wald mit seinen Wasserlebensräumen für eine sichere Brut. Sie zu Gesicht zu bekommen, ist reines Glück: So unvermittelt, wie sie aus einer Senke auftauchen, so rasch verschwinden sie, wenn sie den Menschen sehen. Das sind Märchen! Je wilder der Wald, desto eher können wir auf die Rückkehr von Wolf, Wildkatze und Luchs hoffen. Stippvisiten von den beiden Ersteren sind bereits bekannt geworden. Und neben den fest etablierten Spechtarten wie etwa Bunt-, Schwarz-, Mittel- und Kleinspecht richtet sich die Hoffnung nun auf den Weißrückenspecht. Er wäre eine Sensation in unserem Land und eine Bestätigung für den UNESCO-Titel eines alten Waldes auf dem Weg zum Urwald.

BEATE BLAHY

© Beate Blahy

Der Buchenschleimrübling als typischer Vertreter der Pilzfauna in alten Buchenwäldern ist essbar – aber seine Seltenheit lässt davon Abstand nehmen.

Vom märkischen Strauß und vom Artensterben in Brandenburg

Und eine Lerche, tirili, seit Sonnenaufgang hör' ich sie, die singt und schmettert, was sie mag, zu meines Lieblings Namenstag.« So wenig selbstverständlich es damals für Theodor Fontanes Enkelin gewesen sein mag, zu ihrem Namenstag ein eigenes Gedicht zu bekommen, so wenig selbstverständlich ist es heute in Brandenburg, Lerchen tirilieren zu hören. Allein seit der Mitte der 1990er Jahre ist ihr Bestand in der Mark um ein Drittel zurückgegangen. Sie teilen ihr Schicksal mit vielen anderen: Von den einstmals in Brandenburg heimischen Tierarten sind fast 400 Arten ausgestorben – über Birkhühner, Kampfläufer, Moorenten, Weißrückenspechte oder den Feldhamster wird nimmermehr ein Brandenburger Großvater Gedichte schreiben können. 581 weitere Arten gelten als akut bedroht: Auerhuhn, Löffelente und Brachpieper, Rothalstaucher und Karmingimpel, Flussregenpfeifer, Knäkente und Rotschenkel, Uferschnepfen, Bekassinen und viele andere mehr. Tausende weitere Arten stehen als gefährdet auf den Roten Listen des Landesamts für Umwelt, und dabei sind in diesen Listen bisher nur etwa 6000 von mindestens 15 000 Arten erfasst.

Ganz besonders betroffen sind Feldvögel und andere Tiere, die auf oder in der Nähe von landwirtschaftlich genutzten Flächen leben und am Boden brüten. Drei Viertel aller Rebhühner sind in den letzten 25 Jahren verschwunden, fast zwei Drittel der Kiebitze und die Hälfte der Feldsperlinge. Quadratkilometergroße Monokulturen von Raps oder Mais zur Erzeugung von Biogas und -kraftstoff bieten keinen geeigneten Lebensraum, es fehlt an Nahrung, an Brachflächen und an Stoppelfeldern. Der massive Einsatz von Pestiziden geht mit einem großen Insektensterben einher, sodass den Vögeln ihr Hauptnahrungsmittel fehlt und sie verhungern. Viele Vogelarten können ihren Nachwuchs nicht ausbrüten, weil sie durch die häufige Bearbeitung der Felder gestört und ihre Nester und Eier durch die Landmaschinen vernichtet werden. Die Versiegelung immer neuer Flächen durch Wohn- und Gewerbegebiete, die Zerschneidung der Landschaft durch Straßen, Wege und Siedlungen, Energieleitungen und Windparks und die Veränderung des Klima, die zum Austrocknen von Gewässern und Mooren führt, tun ein Übriges. Und auch die natürlichen Feinde haben sich vermehrt: Füchse oder Raben haben sich gut an die neuen Verhältnisse angepasst, hinzu kommen Neu-Brandenburger wie Waschbär oder Marderhund, die kleinere Säugetiere und Vögel zum Fressen gern haben …

Aber es gibt auch Lichtblicke: See- und Fischadler, Kranich und Uhu konnten inzwischen wieder von der Roten Liste gestrichen werden. Auch einige Fledermausarten haben sich vermehrt, manche bereits ausgerottete Arten wie der Wolf sind zurückgekehrt. Und durch ein gezielt eingesetztes Artenschutzprogramm konnte das Aussterben einer ganz besonderen Brandenburgerin verhindert werden: der Großtrappe.

Der auch »märkischer Strauß« genannte, größte flugfähige Vogel Deutschlands kann bis zu 16 Kilogramm schwer, über einen Meter groß und bis zu 20 Jahre alt werden. Männchen und

Großtrappe – der märkische Strauß.

◄ **Feldlerche.**

Weibchen leben gewöhnlich getrennt und finden nur im zeitigen Frühjahr während der Balzzeit zueinander. Alljährlich kehren die Vögel dafür an dieselben, seit Generationen genutzten Plätze zurück. Dann folgt ein aufsehenerregendes Spektakel: Der balzende Hahn verwandelt sich in einen großen, weißen Federball, indem er das braun gemusterte Flügelgefieder so umwendet, dass die weiße Unterseite zuoberst liegt. Der Schwanz klappt auf den Rücken und zeigt nur noch das weiße Untergefieder. Die langen Bartfedern stehen steil nach oben. Ruckartig sich drehend, setzt er sich in Szene. Der aufgeblasene Hals verleiht ihm noch mehr Größe. Weithin leuchtend, wirbt er so um die Gunst paarungsbereiter Weibchen. Und die Hennen fliegen auf diese Art der Brautwerbung – im Wortsinne mitunter viele Kilometer weit.

Großtrappen in Brandenburg.

Mit der Brut und der Aufzucht der Jungen haben die Hähne nichts zu schaffen. Daher lassen die Hennen sie zurück und ziehen wieder in ihr angestammtes Revier. In dieser Zeit sind die Großtrappen sehr anspruchsvoll: Sie sind für die Aufzucht ihrer Jungen auf weite, übersichtliche und störungsarme Flächen ohne Bebauung angewiesen und benötigen eine reiche Vegetation mit lichten, sonnigen Bereichen und vielen Insekten, Spinnen, Schnecken und Würmern. Die Henne legt ein bis drei olivgrüne Eier in eine flache Bodenmulde, aus denen nach etwa 25 Tagen Brutzeit die Küken schlüpfen. Schon nach vier bis fünf Wochen sind die Jungen flügge, bleiben aber noch bis zum nächsten Frühjahr bei ihrer Mutter.

Großtrappen lebten einst in Steppenlandschaften, aber auch die durch Rodungen entstandenen künstlichen Steppen – Äcker, Wiesen, Weiden – sowie trockengelegte Sümpfe erwiesen sich für die Trappen als attraktive Lebensräume, sodass sie sich nach dem Mittelalter schnell in Europa ausbreiteten. Im 18. und im 19. Jahrhundert gehörten die großen Vögel zu den typischen, weit verbreiteten Arten der Agrarlandschaft in Europa. Und die Mark

Brandenburg war stets die Hochburg der Großtrappen, hier lebten mit Abstand die meisten Großtrappen Deutschlands.

Marderhund.

Während die Obrigkeit die Vögel aus jagdlicher und aus kulinarischer Sicht schätzte, waren sie den Bauern eher eine Plage, taten sie sich doch an deren Gemüsekulturen gütig. Mit Genehmigung Friedrichs II. ging man deshalb ab 1753 daran, die Großtrappen zu bekämpfen. Noch zu Anfang des 20. Jahrhunderts mussten Schulkinder Trappeneier auf den Feldern einsammeln. 1939 lebten in der damaligen Mark Brandenburg noch etwa 3400 Trappen, das war mehr als die Hälfte der damals in Deutschland siedelnden Tiere. Doch in den folgenden Jahrzehnten sanken dann die Bestände rapide, und bald war der märkische Strauß akut vom Aussterben bedroht.

In der DDR wurden zwar mehr als dreißig Gebiete als Trappenschonflächen ausgewiesen, doch oftmals blieb es bei der Worthülse. Überlebt haben die Großtrappen nur dort, wo es intensive Bemühungen um den Schutz der Vögel und ihrer Lebensräume gab – im Havelländischen Luch, in den Belziger Landschaftswiesen und im Fiener Bruch. Vormals riesige Ackerflächen wurden durch Streifen unterbrochen, die aus der landwirtschaftlichen Nutzung herausgenommen wurden und sich zu Dauergrünland entwickelten. So entstanden für die Trappen interessante Nahrungsflächen und viele struktur- und artenreiche Grenzlinien. Durch die Festlegung von Nutzungsterminen, durch restriktive Vorgaben zum Einsatz von Düngern und Pestiziden und durch die Zunahme des ökologischen Landbaus verbessern sich Vegetation und Mikroklima und damit das Nahrungsangebot für die Trappenküken.

Seeadler.

In Brandenburg sorgt heute das Projekt »Großtrappenschutz« des Landesamts für Umwelt für den Schutz des märkischen Straußes. Und es gibt sogar ein internationales Übereinkommen, das ausschließlich den Großtrappen in Mitteleuropa gewidmet ist. Der märkische Strauß ist also ein echter Star und lockt sogar Fachbesucher aus Übersee in die Mark. Und vielleicht kann auch der Wanderer einen der heute in Brandenburg lebenden scheuen Vögel mit dem Fernglas erspähen, am ehesten im Havelländischen Luch (142 Tiere), im Fiener Bruch (117 Tiere) oder auch, mit ganz viel Glück, in den Belziger Landschaftswiesen (88 Tiere).

Peggy Prien

»Citizen Science« – Vogelbeobachtung in Brandenburg einst und jetzt

Obwohl es in der Mark Brandenburg wohl schon immer Menschen gab, die sich für Vögel begeisterten, sind die Vogelkunde als Hobby und die systematische Erforschung der Vogelwelt des Landes noch relativ junge Disziplinen. Etwa ab der Mitte des 19. Jahrhunderts begannen Vogelinteressierte, Wissen über die heimische Vogelwelt zusammenzutragen und erste Artenlisten zu erstellen. Nur auf wenigen Schultern ruhte diese Arbeit, und häufig waren es die von Menschen, die beruflich auf dem Land zu tun hatten oder über genügend Mittel verfügten, um keiner Erwerbstätigkeit nachgehen zu müssen. Pfarrer, Förster, Lehrer, pensionierte Offiziere, Industrielle gehörten zu den Vogelkundlern der ersten Jahrzehnte.

Herman Schalow verfasste 1919 das erste Buch über die Vögel Brandenburgs.

In einer Zeit ohne Ferngläser und ohne handliche Bestimmungsbücher war die Vogelkunde ganz anders beschaffen, als sie es heute ist: Wer Ornithologe war, war meistens auch Sammler. Mit der Flinte ging es auf die Jagd nach besonderen Arten, und die Eiersammler schöpften aus dem Fundus einer noch reichen Vogelwelt. Mit dem Ausbau der Bahnlinien in der zweiten Hälfte des 19. Jahrhunderts wurden nunmehr auch entlegene Gebiete zugänglich, und nach und nach wuchs die Kenntnis darüber, welche Vogelarten in Brandenburg vorkamen.

Der Bankkaufmann Herman Schalow aus Berlin war es, der 1919 in seinem Buch *Beiträge zur Vogelfauna der Mark Brandenburg* die verstreuten Bausteine zu einem Gesamtüberblick zusammenfügte. Das Fundament war noch nicht sehr gefestigt. Schalow führt nur 29 Gewährsleute auf, die ihn mit Informationen versorgt hatten. Und doch bietet sein Buch eine auch heute noch spannend zu lesende Gesamtschau nicht nur der damaligen Vogelvorkommen, sondern auch der Ornithologiegeschichte und volkskundlicher Themen, die Zusammenhänge mit Vögeln aufweisen.

Als Schalows Buch erschien, begann in Brandenburg gerade der Aufschwung der Vogelbeobachtung. Bessere Arbeitszeitregelungen ermöglichten mehr Freizeitbetätigung, und so konnten immer mehr Menschen ihrer ornithologischen Passion nachgehen. Mehr und mehr wurde das Schießen durch Beobachtung abgelöst. Das Eiersammeln wich Untersuchungen zur Brutbiologie der Vögel im Freiland. Und langsam wurde es mit den nunmehr verfügbaren optischen Hilfsmitteln auch besser möglich, Vögel zu zählen, anstatt nur festzustellen, welche Arten vorhanden waren. Es gab erste handliche Bestimmungsbücher und Plattenaufnahmen von Vogelgesängen. In Berlin sorgten die regelmäßig stattfindenden Sitzungen der Deutschen Ornithologischen Gesellschaft für eine Vernetzung der Vogelbeobachter untereinander und mit

◀ **Kraniche sammeln sich im Herbst** in großer Zahl und sind beliebtes Beobachtungsobjekt von Ornithologen in Brandenburg.

© NABU Brandenburg

Vogelbeobachtungsgruppe heute: Exkursionsgruppe am Gülper See 2021.

professionellen Ornithologen. Mit Erwin Stresemann und Oskar Heinroth waren hier international renommierte Wissenschaftler am Werk, die das Interesse an der Vogelkunde in allen Bereichen zu befeuern wussten. Die neugegründete »Interessengemeinschaft märkischer Faunisten« führte Menschen zusammen, die Interesse an der Erforschung der heimischen Tierwelt hegten.

Diese Entwicklung fand mit dem Zweiten Weltkrieg ein jähes Ende. Zahlreiche Akteure starben oder emigrierten, die al-

Vogelbeobachter damals: Exkursionsgruppe an den Moritzburger Teichen in Sachsen 1928, Foto im Privatbesitz J. Neumann.

ten Organisationen wurden zerschlagen. Nach dem Krieg bot der 1950 gegründete »Kulturbund zur demokratischen Erneuerung Deutschlands« den Ornithologen in der DDR an, unter seine Fittiche zu schlüpfen. Eine neue, junge Generation kam hinzu, deren Angehörige die brandenburgische Ornithologie über Jahrzehnte hinweg prägen sollten.

Unter dem Dach des Kulturbundes wurden in den 1950er Jahren zahlreiche regionale ornithologische Fachgruppen gegründet, deren Mitglieder sich mit dem Schutz und der Erfassung der Vögel in ihrer jeweiligen Region befassten. DDR-weit gab es 1959 bereits 180 solcher Fachgruppen mit 3000 Mitgliedern. Obwohl das Land Brandenburg nach 1952 nicht mehr als Verwaltungseinheit existierte, entwickelte sich ein Zusammenhalt märkischer Ornithologen über die damaligen Bezirksgrenzen hinweg. Ausdruck fand dieser Zusammenhalt nicht nur in gemeinsam herausgegebenen regionalen Fachzeitschriften, sondern auch in der Gründung der »Interessengemeinschaft Avifaunistik in den brandenburgischen Bezirken und Berlin« 1963, die landesweit Tagungen durchführte und die Vogelbeobachter vernetzte. Ihr Motor war Erich Rutschke, Professor an der Pädagogischen Hochschule in Potsdam und Leiter der von ihm geschaffenen Zentrale für Wasservogelforschung. Ihm gelang es, 1983 mit dem Buch *Die Vogelwelt Brandenburgs* eine neue Gesamtübersicht in der Nachfolge von Herman Schalows Buch herauszugeben. Viele Hobbyornithologen wirkten an diesem Werk als Autoren von Texten über einzelnen Arten mit. Bildungsangebote wie Spezialistenlager an Schulen und anderen Jugendeinrichtungen sorgten für steten Nachwuchs junger Ornithologen.

In der Wendezeit 1989/90 änderten sich die Rahmenbedingungen erneut drastisch. Anstelle des Kulturbundes wurden in den neuen Bundesländern ornithologische Vereine gegründet, darunter 1991 die Arbeitsgemeinschaft Berlin-Brandenburgischer Ornithologen (ABBO) unter dem Dach des NABU. Sie führte die traditionellen Arbeitsweisen fort und schuf darüber hinaus mit einer zentralen Sammlung ornithologischer Beobachtungsdaten, einer eigenen Fachzeitschrift und einer Bibliothek neue Möglichkeiten ornithologischer Betätigung. Ziel war und ist es, die Freude am Vogelbeobachten für gesellschaftliche Zwecke nutzbar zu machen. Schließlich tragen die Vogelbeobachtungsdaten nicht nur zur Erweiterung ornithologischer Erkenntnisse bei, sondern sind auch wichtige Argumente im Naturschutz. Heute zählt die ABBO über 500 Mitglieder, und zu den Jahrestagungen kommen bis zu 180 Interessierte.

Die Vogelbeobachtung als Hobby hat sich in den letzten Jahren stark verändert. Sie ist weiblicher geworden; denn während Ornithologie traditionell weitgehend eine Männerdomäne war, überwiegen in der jüngeren Generation heute die Vogelbeobachterinnen. Hervorragende moderne Bestimmungsliteratur und entsprechende Apps erleichtern den Einstieg ebenso wie die digitale Vernetzung der Akteure. Über das 2011 bundesweit eingerichtete Portal www.ornitho.de melden viele hundert Personen Vogelbeobachtungen aus Brandenburg – pro Jahr fast 400 000 Datensätze in den letzten Jahren. Vogelbeobachtung ist nach wie vor »in«.

Über mehr als 150 Jahre haben die Ornithologinnen und Ornithologen die märkische Vogelwelt dokumentiert – und damit auch das Verschwinden ehemals häufig vorkommender Arten im Zuge der zunehmenden Bebauung, Entwässerung und Nutzungsintensivierung. Es bleibt zu hoffen, dass die von ihnen gesammelten Daten dazu beitragen werden, einen sorgsameren Umgang mit der Natur durchzusetzen und weiterhin zu ermöglichen, was seit eh und je die Triebkraft vieler Vogelfreunde war und ist: Vögel unbeschwert in einer reichen Natur zu beobachten und zu belauschen.

Wolfgang Mädlow

Neozoen in der Mark

Brandenburg war seit jeher ein weltoffenes Land: Im Hochmittelalter waren einwandernde Flamen Namengeber für das »Mittelgebirge« vor den südlichen Toren Berlins. Im ausgehenden 17. Jahrhundert wurde die Mark Heimstatt Tausender in Frankreich verfolgter und von dort vertriebener Hugenotten. Niederländer waren es, die aufgrund ihrer hervorragenden Kenntnisse im Deichbau nicht nur das Oderbruch kultivierten. »Jeder soll nach seiner Fasson selig werden«, soll König Friedrich II. 1740 gesagt haben. Ob er dabei auch an Neozoen dachte, die in Brandenburg heimisch werden?

Neozoen – mit diesem aus dem Griechischen stammenden Wort bezeichnet man neue Tierarten, die von Menschen bewusst angesiedelt oder versehentlich eingeschleppt worden sind. Dieser Vorgang setzte schon vor Jahrhunderten ein und dauert bis in die Gegenwart an. Beispielsweise verdanken einige große Wildtiere, die heute aus Brandenburg nicht mehr wegzudenken sind, ihre Anwesenheit in der Mark herrschaftlichen Jagdgelüsten. So führten um 1700 die Markgrafen mit Sommersitz in Joachimsthal Damhirsche mit »hohen Kosten in der Großen Grimnitzschen Heide« ein. Deren ursprüngliche Heimat sind Vorderasien und der östliche Mittelmeerraum. Gut, dass die gleichfalls von dort stammende Rosskastanie bereits früher in Brandenburg angepflanzt worden war. So konnten sich die »Heimatvertriebenen« im Herbst an deren braunglänzenden Früchten laben.

Mufflons wurden in den frühen 1960er Jahren in Brandenburg ausgewildert. Die gebogenen Hörner der Widder, Schnecken genannt, hatten es den Granden der Staatsjagd angetan. Dass die im gebirgigen Sardinien und auf Korsika heimischen Wildschafe ihre Hufe im märkischen Sand nicht abwetzen konnten – geschenkt, wenn nur die Altherrenriege aus dem Politbüro zum Halali blasen konnte. Viele der Tiere wurden fußlahm, erkrankten an Moderhinke und gingen elendig zugrunde.

Ein mittlerweile selbst in Großstädten anzutreffender Neu-Brandenburger ist der Waschbär. 1945 entwichen mehrere Tiere aus den Käfigen einer Pelztierfarm in Altlandsberg. Heute besiedeln sie die Mark zu Tausenden. Die nachtaktiven Jäger sind gewandte Kletterer und nur schwer zu bejagen. Vogelliebhabern sind sie ein Graus, da sie Nester aller Arten bis hin zu denen von Reihern und Kranichen plündern. Selbst die letzten heimischen Sumpfschildkröten stehen auf dem Speiseplan der felligen Neulinge.

Die Heimat des ähnlich aussehenden Marderhunds liegt in Ostasien, in Japan. In den 1920er Jahren in der Ukraine in Pelztierfarmen eingepfercht, erreichten die Nachkommen entkommener Tiere in den 1980er Jahren Brandenburg. In der Uckermark fühlen sie sich am wohlsten, treten hier flächendeckend auf.

Lange bevor der Klimawandel zum täglichen Thema in den Medien geworden war, erreichten von Süden her heimliche Boten der Erwärmung die Mark: 1997 wurde der erste Goldschakal beobachtet.

Ein weiterer Neueinwohner ist der Mink, ein kleiner dunkler Wassermarder aus Nordamerika. Das ungeübte Auge kann ihn

Damhirsche wurden als Jagdwild vor mehr als 300 Jahren eingeführt.

Erste skandinavische Singschwanpaare, sonst nur Wintergäste, brüten im Spreewald.

leicht mit dem deutlich größeren heimischen Fischotter verwechseln. Auch der Mink ist ein Flüchtling aus – natürlich – Pelztierfarmen. Wer mag es ihm verdenken? Vor seinen Schwimmkünsten und seinem Appetit ist keine Seeschwalbenkolonie sicher, mögen die Nester auch noch so landfern auf Seerosenblättern angelegt sein.

Elch, Biber und Wolf sind keine Neozoen, sondern Rückkehrer. Sie waren vorübergehend ausgerottet. Wo sich der Wolf wieder ansiedelt, mischt er die Karten komplett neu. Mufflons, die in Brandenburg keine steilen Felswände finden, in die sie sich flüchten könnten, haben keine Chance gegen ihn. Ob das Damwild seine Fluchtstrategien den Wölfen anpassen kann, ist noch nicht sicher. Dachse, Marderhunde, Waschbären oder Biber hat der Wolf jedenfalls gern auf seinen Speiseplan gesetzt.

Der südamerikanische Nandu ist in Mecklenburg-Vorpommern ein geschützter »Neubürger«.

Auch in Brandenburgs Gewässern tummeln sich Neozoen, beispielsweise der Sonnenbarsch, die Regenbogenforelle, Gras- und Silberkarpfen. 2014 wurde gar eine nordamerikanische Schnappschildkröte aus der Spree gefischt. Aber noch scheint sich dieses die Badefreuden beeinträchtigende Tier nicht dauerhaft angesiedelt zu haben.

Fehlen noch die gefiederten Neubürger. Zuerst muss der Jagdfasan genannt werden. Doch ist er wirklich noch »neu« in Brandenburg? Heimisch in Asien, wurde dieser Hühnervogel bereits im 12. Jahrhundert nach Deutschland eingeführt und landete bald in der Mark. Damit ist er hier schon länger heimisch als so manche deutsche Einwanderer, die erst im späten Mittelalter in das damals noch slawische Land kamen. Noch nicht so lange halten sich in Brandenburg die Kanada- und die Nilgans auf. Ihre ursprüngliche Heimat tragen sie wie die Mandarinente im Namen. Nordische Singschwäne, traditionell Wintergäste an Brandenburgs Strömen und Seen, haben erstmals 1990 im Spreewald gebrütet. Und wenn sie heimlich die Grenze von Mecklenburg-Vorpommern nach Brandenburg überrennen, dann werden vielleicht bald sogar die 20 Kilogramm schweren Nandus, ursprünglich südamerikanische Laufvögel, über Brandenburger Sand spurten. Vielleicht werden ihnen auch die Silberreiher folgen, von denen im Nachbarbundesland 2012 der erste Brutnachweis gelang.

Bei aller Willkommenskultur: Die Neuankömmlinge bringen auch Probleme mit sich, wenn sie das empfindliche Gleichgewicht

der Tierwelt stören oder sich mangels Fressfeinde übermäßig ausbreiten. Dabei liegt der Teufel im Detail: Es sind mitunter die kleinsten Zuzügler, die die größten Sorgen bereiten.

Da ist zum Beispiel der berüchtigte Kartoffelkäfer. Der dralle Nordamerikaner erinnert mit seinem gestreiften Panzer an einen entflohenen Sträfling. 1936 erreichte er Deutschland, und spätestens 1950, als die DDR von einer wahren Kartoffelkäferinvasion geplagt wurde, hatte er seinen Ruf weg. Glaubt man der damaligen Presse, hatten US-Amerikaner ihn in Kisten aus Flugzeugen geworfen, um die junge DDR zu schwächen. Damals hieß es: »Die internationalen Schädlinge werden überall aufgespürt, bekämpft und vernichtet.«

Waschbären haben als Gefangenschaftsflüchtlinge aus Pelzfarmen längst das ganze Land erobert.

Die Auwaldzecken, vier Millimeter messend, tauchten in Deutschland erstmals in den 1980er Jahren im Raum Leipzig auf und zogen von dort weiter nach Brandenburg. Eingereist als blinde Passagiere sind sie vermutlich mit Zugvögeln aus Norditalien, Österreich und Ungarn. Für Hunde sind die Zecken gefährlich, denn sie übertragen die Erreger der Hundemalaria. Für Menschen scheint unser heimischer Holzbock als Überträger von Borreliose und Frühsommer-Meningoenzephalitis (FSME) gefährlicher – bis auf Weiteres …

Noch nicht in Brandenburg angekommen ist die Asiatische Tigermücke. Da sie aber seit mehr als zehn Jahren den Südwesten Deutschlands besiedelt, scheint ihre Ankunft bei uns nur eine Frage der Zeit zu sein. Die Insekten sind in warmen Ländern als Überträger tropischer Krankheitserreger wie des Zika-, des Chikungunya- und des Denguevirus berüchtigt. Sollte es wärmer werden, werden wir uns auf ihren »Besuch« gefasst machen müssen.

Erst einmal angekommen, wird keiner der Neuankömmlinge je wieder verschwinden, ob er uns nun willkommen ist oder nicht. Nach 281 Jahren ist das geflügelte Wort des Alten Fritzen vom »Glücklichwerden« wohl aktueller denn je. Wir, die Antreiber der Globalisierung, werden uns arrangieren müssen.

Roland Schulz

Nationale Naturlandschaften Brandenburgs – die Großschutzgebiete

Vor über 40 Jahren entstanden auf dem Territorium der DDR die ersten zwei deutschen Biosphärenreservate. Ich war im Rahmen der ehrenamtlichen Arbeit in der Gesellschaft für Natur und Umwelt (GNU) im Kulturbund der DDR an der Suche nach infrage kommenden Standorten am Rande mit beteiligt. Und so zielte einer der ersten Vorschläge auf die südliche Uckermark in Brandenburg, meine Heimat. Die Nähe zu Staatsjagdgebieten wie auch zu militärischen Objekten ließ diesen Vorschlag offiziell schnell der Vergessenheit anheimfallen. Doch zehn Jahre später kam die »Wende«, der Wechsel des politischen Systems. Es bildeten sich Bürgerbewegungen mit sozialen und ökologischen Zielsetzungen. Sie forderten ein eigenes Ministerium für Naturschutz. Verwirklichen ließ sich zu Beginn des Jahres 1990 die Berufung eines stellvertretenden Ministers für Ressourcenschutz und Landnutzungsplanung in das zu reformierende Ministerium für Umweltschutz. Es war dies für mich, für uns eine kurze Phase ungeahnter Möglichkeiten zu einer Neuorientierung im Umgang mit der Natur, einer an Nachhaltigkeit ausgerichteten Naturnutzung, eine Phase, die wir unter höchstem Einsatz nutzten. Freunde und Weggefährten konnten über Nacht ins Ministerium geholt und in unsere kühnen Ideen eingewiesen werden, und sie halfen, hoch motiviert, in einem ungewöhnlich kurzen Zeitraum großräumige Schutzgebiete für alle Landschaftsräume der DDR zu konzipieren.

Das Großschutzgebietsprogramm wurde in der letzten Sitzung des Ministerrats der Modrow-Regierung kurz vor der ersten freien Wahl vom 18. März 1990 gebilligt. Und als einer der ganz wenigen Beschlüsse wurde es dann von der neugewählten Regierung übernommen. Dieses Programm zur Sicherung von insgesamt 24 »Schutzgebieten von zentraler Bedeutung« umfasste fast zehn Prozent des DDR-Territoriums. Fast sämtliche der nicht mehr benötigten Staatsjagdgebiete und Grenzsicherungsräume sowie der Großteil der militärischen Sperrgebiete fanden sich in ihm wieder. Wir prägten für die Entwicklung dieser als Biosphärenreservate, Nationalparke und Naturschutzparke vorgesehenen Gebiete den Begriff »Großschutzgebiete«. Eigentlich waren zu dieser Zeit für den Prozess der Wiedervereinigung mehrere Jahre vorgesehen. Das Volk wollte es anders. In dem nunmehr noch zur Verfügung stehenden knappen halben Jahr war es dann immerhin möglich, fast die Hälfte der Gebiete, 4,8 Prozent des DDR-Territoriums, in einen endgültigen Schutzstatus zu überführen und darüber auf der letzten Sitzung des Ministerrats der DDR am 22. September 1990 einen Beschluss zu fassen. Die Verordnungen erschienen am 1. Oktober 1990 im Gesetzblatt der DDR. Am 3. Oktober, dem Tag der Wiedervereinigung, waren sie damit Teil des Einigungsvertrages.

Als »Tafelsilber der deutschen Einheit« brachte das Bundesland Brandenburg zwei Biosphärenreservate – Schorfheide-Chorin und Spreewald – sowie einen Naturpark neuer Prägung – die Märkische Schweiz – in den Einigungsvertrag ein. Von Anfang an war es das erklärte Ziel der Landesregierung, das Netz der

Im Biosphärenreservat Spreewald mit seinen alten Erlenbruchwäldern.

© M. Succow

Die Schönheit des Nationalparks Unteres Odertal in der Frühjahrsüberflutung (Ende April) – Deutschlands einziger Auen-Nationalpark.

Großschutzgebiete, die heute offiziell als Nationale Naturlandschaften bezeichnet werden, wesentlich auszudehnen. Eigens dafür wurde 1992 die Landesanstalt für Großschutzgebiete (LAGS) mit Sitz in Eberswalde geschaffen. Auch Brandenburg wollte seinen Nationalpark. Schon 1990 wurde mit dessen Planung grenzüberschreitend im Zusammenwirken mit der Republik Polen begonnen. Die einstweilige Sicherung von rund 24000 Hektar auf deutscher Seite erfolgte am 6. März 1992. Am 22. Juni 1995 wurde die Einrichtung des Nationalparks Unteres Odertal vom Brandenburger Landtag mit großer Mehrheit verabschiedet.

© M. Succow

Biosphärenreservat Brandenburgisches Elbtal: Herde von »Liebenthaler Pferden« auf wilder Weide, Nachkommen von Wildpferden, gezüchtet in der Schorfheide.

Besonders beeindruckend ist die Vervollständigung des Netzes von Naturparken neuer Prägung in diesem Bundesland, die maßgeblich dem langzeitigen Wirken des Brandenburger Umweltministers Matthias Platzeck zu verdanken ist. Es existieren neben dem auf den Einigungsvertrag von 1990 zurückgehenden Naturpark Märkische Schweiz inzwischen zehn weitere Naturparke. Der Naturpark Elbtalaue ist mittlerweile Teil des länderübergreifenden UNESCO-Biosphärenreservates Flusslandschaft Elbe. Damit besitzt Brandenburg seit nunmehr 20 Jahren (2002) drei Biosphärenreservate, einen Nationalpark sowie elf Naturparke. Sämtliche

© M. Succow

Der Naturpark Stechlin-Ruppiner Land beherbergt mit die letzten Klarwasserseen Nordostdeutschlands, die Sichttiefen einiger Seen liegen zwischen fünf und zehn Metern! Die Nährstoffarmut lässt nur sehr lichte Uferröhrichte gedeihen.

Naturparke sind überwiegend als Landschaftsschutzgebiete festgesetzt und weisen einen Anteil von jeweils zehn bis 20 Prozent Naturschutzgebietsfläche aus. Sie sind in Zonen differenzierter Landschaftsnutzung gleich den Biosphärenreservaten gegliedert: Kernzone, Pflegezone, Entwicklungszone. Sie werden durch eigene Naturparkleitungen verwaltet, die heute dem Landesumweltamt unterstellt sind, und werden von Naturwächtern betreut. In allen Großschutzgebieten steht naturverträglicher Tourismus auf der Tagesordnung. Sie leisten somit einen wesentlichen Beitrag für eine dauerhaft umweltgerechte Regionalentwicklung.

In Brandenburg sind damit fast 35 Prozent der Landesfläche Großschutzgebiete. Hinsichtlich der »Ökologisierung« der Landnutzung spielen gerade in diesem Bundesland die Großschutzgebiete eine Vorreiterrolle. Das ist für die neuen Bundesländer beispiellos.

Zu einer der wichtigen Taten in der »Frühgeschichte« des neuen Bundeslandes Brandenburg gehört die Gründung des Naturschutzfonds Brandenburg. Auch dank guter Beratung aus Nordrhein-Westfalen hat sich hier eine stabile Stiftung mit solider finanzieller Basis entwickelt. Für die Großschutzgebiete Brandenburgs konnte erreicht werden, dass diese Stiftung das Personal übernahm. Die Naturwacht ist heute ein Markenzeichen der Großschutzgebiete Brandenburgs. Wenn ich heute sehe, was für ein tatkräftiges Team hier aufgebaut worden ist, erfüllt mich große Freude. Die Naturwacht erfüllt für die Großschutzgebiete die wichtige Aufgabe der Umweltbildung und Öffentlichkeitsarbeit. Ihre Bedeutung nimmt weiter zu, denn immer mehr Menschen wollen ihre Heimat kennenlernen. Gerade in letzter Zeit, während der Corona-Pandemie, waren die Großschutzgebiete so stark frequentiert wie noch nie zuvor. In ganz Deutschland kommen immer mehr Menschen bewusst in die Natur. Bisweilen mussten in den Nationalen Naturlandschaften bereits Besucherbeschränkungen bis hin zum Polizeischutz eingeführt werden. In Brandenburg ist das Besucherpotenzial durch die Nähe zu Berlin besonders groß, ungeachtet der vergleichsweise niedrigen Bevölkerungsdichte im Land selbst. Dank der Weitsicht der Landesregierung wurden in Brandenburg mit seinen vielen Schutzgebieten aber große Räume geöffnet.

Michael Succow

Fremde Federn

Tiere lassen Wappen reden

Stark sein wie ein Bär, mutig wie ein Löwe oder als Adler unbesiegbar – wer würde sich nicht gerne mit solchen Attributen schmücken? Und so verwundert es nicht, dass Tiere auf vielen Wappen zu finden sind.

In der Regel sind die Tiere in Wappen stilisiert dargestellt. Sie stehen oft frei und in starkem farblichen Kontrast zum Hintergrund – beispielsweise golden oder silbern auf rot, blau, schwarz oder grün, genau wie es die Regeln der Wappenkunde, der Heraldik, vorgeben. Der Stil der Tierdarstellung unterliegt je nach Epoche bestimmten Moden. Und da Wappentiere über lange Zeiträume hinweg immer wieder dargestellt wurden, können Experten anhand des jeweils befolgten Stils das Alter der Wappen abschätzen.

Häufig kommen in den in der Heraldik sehr beliebten »Redenden Wappen« Tiermotive vor. Diese Wappen stellen eine Art Rebus, ein Bilderrätsel dar. Genutzt wird dies beispielsweise in Orts- oder in Familienwappen, bei denen sich der Name in entsprechenden Tierdarstellungen widerspiegelt (z. B. Fischer, Strausberg etc.). Im Kremmener Wappen beispielsweise »krimmt« (mittelhochdeutsch für »packen«) ein Greifvogel eine Gans am Hals.

Wappen der Stadt Kremmen.

Natürlich werden bestimmten Tieren jeweils auch spezielle Eigenschaften zugeschrieben: der starke Bär, der schlaue Fuchs … Doch Tiere können regional durchaus verschieden aufgefasst werden. So gilt beispielsweise der Marder in Kroatien als schlau und im Kampf gegen Schlangen geschickt, was seine Präsenz auf dem Landeswappen erklärt. Hierzulande dürften Marder wohl eher mit durchgenagten Autokabeln und -schläuchen assoziiert werden …

Wappen von 1934, gültig für West-Berlin bis 1954, in Ost-Berlin bis zur Wiedervereinigung der Stadt im Jahr 1990.

An Bekanntheit kaum zu überbieten ist bei uns der Berliner Bär im Wappen der Hauptstadt. Nachweislich ist er dort seit 1280 vertreten und geht vermutlich auf Albrecht I. zurück – den Gründer der Mark Brandenburg mit dem Beinamen »der Bär«. Die älteste Überlieferung des Bärenmotivs findet sich in einem Siegel vom 22. März 1280 auf einem Gildebrief der Berliner Kürschner: Zwei gepanzerte Bären posieren dort mit erhobenen Tatzen als Schildhalter. Im zentralen Teil des Siegels befindet sich allerdings auch noch der Märkische Adler. Erst im Jahr 1935 wurde der Berliner Bär nach der 1920 erfolgten Eingemeindung diverser Randgemeinden zum aufrecht gehenden, alleinigen Wappentier der Stadt.

Was den Berlinern der Bär, das ist den Brandenburgern der Adler. Wie er im Landeswappen offiziell auszusehen hat, ist 1991 in einem Gesetz festgeschrieben worden: Rot muss er sein, mit goldenen Kleestengeln auf den Flügeln geziert und gold bewehrt auf weißem bzw. silbernem Untergrund. Im August 1990 war eigens eine Arbeitsgruppe damit beauftragt worden, eine »friedfertige Form des Adlers« zu entwickeln. Auf früher übliche Beigaben wie Kurhut, Schwert, Zepter und Brustschild mit Kämmererstab wurde daher bewusst verzichtet.

Der Ursprung des Märkischen Adlers geht auf das Geschlecht der Askanier zurück, die ihn in ihrem Wappen trugen. Der bislang älteste bekannte Beleg stammt aus dem Jahr 1170, wo er sich in einem Siegel Ottos I., eines Sohns Albrechts des Bären, wiederfindet.

Offizielle Festpostkarte »700 Jahre Stadt Berlin«. Künstlerzeichnung v. Pechtold.

Wappen der Gemeinde Wusterwitz.

Wappen von Treptow-Köpenick.

Als Wappentier überdauerte der Adler die Herrschaftszeit der Askanier in Brandenburg. Denn auch die Wittelsbacher, die im Jahr 1320 die Herrschaft über Brandenburg übernahmen, blieben dem roten Adler treu, ebenso wie später die Luxemburger und die Hohenzollern für die Provinz Brandenburg. Sein schwarzes Pendant war allerdings dem König vorbehalten.

Tiere finden sich aber nicht nur in den Landeswappen von Berlin und Brandenburg. Auch in den Wappen etlicher Landkreise und Städte sind sie vertreten. Besonders häufig abgebildet sind Bär (z. B. Bernau) und Adler (z. B. Rathenow), ebenso Fische (z. B. Köpenick, Pritzerbe), Schwäne (z. B. Kirchmöser, Wusterwitz) oder Hirsche (z. B. Lehnin). Die in den 1990er Jahren durchgeführte Kreisreform brachte neue Wappen hervor. Für den Landkreis Oberhavel wurde eines gemeinsam von dem ehemaligen Kreismuseumsleiter Willy Wiborny und dem Oranienburger Künstler Uwe Beckmann entwickelt. Während die obere Hälfte den Märkischen Adler zeigt, fliegen im unteren Teil zwei Schwäne auf grünem Grund als Sinnbild für die Region.

Schwäne fliegen seit 1995 auch im Wappen des Landkreises Havelland, dort allerdings im oberen Teil und vor blauem Grund. In Verbindung mit einem Wellenschnitt, der das Wappen teilt, stehen sie für die Naturlandschaft der Region. Der Märkische Adler auf weißem Grund im unteren Teil des Wappens hingegen symbolisiert nach Auskunft der Behörde die mehr als achthundertjährige Zugehörigkeit zur Mark Brandenburg.

Es gibt aber auch ausgefallenere Wappentiere: Im Wappen von Cottbus etwa »schwebt« zwischen den Zinnen einer roten Burg ein

Wappen der Stadt Cottbus.

Krebs in gleicher Farbe. Der Ursprung des in der Heraldik eher seltenen und vor allem einst von strenggläubigen Rittern im Schild geführten Krebses wird in diesem Fall Fredehelm von Cottbus aus dem fränkischen Adelsgeschlecht der Kottwitz zugeschrieben. Auf dessen Grabstein aus dem Jahr 1307 ist Fredehelm auf einem Bildnis gemeinsam mit seiner Gemahlin zu sehen. Auf seinem Schild und Brustharnisch prangt ein Krebs. Kaum verwunderlich findet sich der gleiche Krebs auch im Wappen des Landkreises Spree-Neiße. Dort muss er sich den Platz jedoch mit zwei weiteren Tieren teilen, nämlich mit einem gekrönten, doppelschwänzigen silbernen Löwen und einem Teil eines Hirschgeweihs.

Ein eher seltenes Wappentier hat sich in das Amtswappen eines Landkreises ganz im Südosten von Brandenburg »eingeschlichen«: Ein goldener Karpfen vor blauem Hintergrund steht im Wappen des Amtes Peitz für die dortige Teichwirtschaft.

Um historische Wurzeln geht es auch im Wappen des Landkreises Oberspreewald-Lausitz: Der unbewehrte, schreitende rote Stier mit über den Rücken geschlagenem Schweif steht im oberen Teil des Wappens für den ehemaligen Kreis Calau. Im unteren Teil ist die Zinnenmauer der Oberlausitz auf blauem Grund zu sehen. Sie steht für den Altkreis Hoyerswerda. Ergänzt wird sie durch einen Herzschild um einen schwarzen Löwen, der für die Mark Meißen steht.

Wappen von Eberswalde.

Historische Bezüge lassen sich auch im Wappen des Landkreises Prignitz erkennen. In seiner oberen Hälfte steht eine silberne Gans mit ausgebreiteten Flügeln zum Abflug bereit vor rotem Grund. Wie der Landkreis informiert, ist sie eine Erinnerung an das Geschlecht der Gans Edlen Herren zu Putlitz, die im 12. Jahrhundert gemeinsam mit dem Bischof von Havelberg in der Prignitz Christentum und deutsche Kultur einführten. Im unteren Wappenteil schreitet ein schwarzer Wolf. Dieser steht für die ehemalige Kreisstadt Pritzwalk.

Und wer noch ein besonders schönes Beispiel für ein redendes Wappen sucht, der wird in Eberswalde fündig: Zwei schwarze Eber suchen dort unter einer grünen Eiche nach Eicheln, die im Wappen allerdings noch goldfarben am Baum hängen. Ein Bild sagt manchmal eben mehr als tausend Worte …

Christof Ehrentraut